复合左右手传输线在天馈线系统中的应用研究

曾会勇　宗彬锋　张 秦　耿 林　王光明　著

西北工業大學出版社

西 安

【内容简介】 本书依据复合左右手传输线的双/多频特性、宽带移相特性、小型化特性及零/负阶谐振特性，采用理论分析、电路等效、数值计算、软件仿真和实验测量等手段，深入研究了复合左右手传输线在双频微带天线阵列、宽带圆极化天线阵列、双圆极化和差波束形成网络及小型全向圆极化天线中的应用理论和工程设计问题。研究成果解决了传统天馈线系统中的双频、宽频、小型化和圆极化等难题，具有很高的实际应用价值。本书内容主要包括基于平衡复合左右手传输线的双频微带天线阵列、基于单一复合左右手传输线的宽带圆极化天线阵列、基于复合左右手移相器的双圆极化和差波束形成网络及基于单负零阶谐振器的小型全向圆极化天线等。

本书可供从事微波以及复合左右手传输线的理论研究和应用的工程技术人员阅读、参考。

图书在版编目(CIP)数据

复合左右手传输线在天馈线系统中的应用研究/曾会勇等著．—西安：西北工业大学出版社，2019.8

ISBN 978-7-5612-6517-8

Ⅰ．①复…　Ⅱ．①曾…　Ⅲ．①传输线理论-研究　Ⅳ．①TN81

中国版本图书馆CIP数据核字(2019)第182895号

FUHE ZUOYOUSHOU CHUANSHUXIAN ZAI TIANKUIXIAN XITONGZHONG DE YINGYONG YANJIU

复合左右手传输线在天馈线系统中的应用研究

责任编辑：朱辰浩　　**策划编辑**：杨　军
责任校对：张　潼　　**装帧设计**：李　飞
出版发行：西北工业大学出版社
通信地址：西安市友谊西路127号　　邮编：710072
电　　话：(029)88491757，88493844
网　　址：www.nwpup.com
印 刷 者：陕西金德佳印务有限公司
开　　本：710 mm×1 000 mm　　1/16
印　　张：10.875
字　　数：201千字
版　　次：2019年8月第1版　　2019年8月第1次印刷
定　　价：68.00元

前　言

新材料的探索和开发一直是人类不懈的奋斗目标和进步手段，有别于传统材料的左手材料已成为当今最具活力的研究领域之一，作为左手材料重要实现方式的复合左右手传输线更引起了研究人员的极大关注。当前，复合左右手传输线的理论和应用研究已在微波技术领域深入展开，特别是在天馈线系统中的应用研究已成为热点。本书依据复合左右手传输线的双/多频特性、宽带移相特性、小型化特性及零/负阶谐振特性，采用理论分析、电路等效、数值计算、软件仿真和实验测量等手段，深入研究了复合左右手传输线在双频微带天线阵列、宽带圆极化天线阵列、双圆极化和差波束形成网络及小型全向圆极化天线中的应用理论和工程设计问题。研究成果解决了传统天馈线系统中的双频、宽频、小型化和圆极化等难题，具有很高的实际应用价值。

本书的主要内容如下：①基于交指缝隙和接地过孔结构，提出新型复合左右手传输线结构。交指缝隙等效为串联电容，提供负磁导率效应，接地金属过孔等效为并联电感，提供负介电常数效应；通过色散曲线证明该结构为复合左右手传输线，并提出结构的等效电路模型；分析复合左右手传输线单元的传输特性，发现其左手通带和右手通带均单独可调，且在平衡条件下具有带通滤波特性，在非平衡条件下具有双频滤波特性。②基于提出的新型复合左右手传输线结构，设计双频微带天线阵列。首先，利用提出的复合左右手传输线在平衡条件下的带通滤波特性，分别设计新型的 C 波段和 X 波段的复合左右手带通滤波器；其次，结合复合左右手带通滤波器设计新型复合左右手双工器，有效实现 C 波段和 X 波段的分离，该双工器是单平面结构，设计方法简单，占用面积小，十分适用于天线馈电网络；最后，设计工作于 C/X 波段的天线单元及 4 元天线子阵，并结合复合左右手双工器实现了 C/X 波段的双频微带天线阵列。③基于复合左右手传输线的宽带移相特性，提出单一复合左右手传输线的宽带移相器设计方法。从理论上分析单一复合左右手传输线的色散特性，给出相移常数的表达式；提出利用单一复合左右手传输线的非线性相位特性设计宽带移相器的方法，相比复合左右手传输线，该方法简单易行。④基于提出的宽带移相器的设计方法，设计顺序旋转馈电的宽带圆极化天线阵列。首先，分析顺序旋转阵列中天线单元的极化特性、馈电幅度比和馈电相位差对阵列圆极化特性和增益特性的影响；其次，根据提出的单一复合左右手传输线宽带移相器的设计方法，分别设计宽带 90°移相器和 180°移相器，以及具有宽带相位差的 4 元顺序旋转馈电网络；最后，结合宽带圆极化天线单元设计 4 元宽带圆极化天线阵列。⑤基于提出的宽带移相器的设计方法，设计宽带双圆极化和差波束形成网络。首先，给出并计算验证 8 元顺序旋转圆极化天线阵列中产生和波束与差波束的馈电相位表达式；其次，给出实现和差波束幅相关系的和波束形成网络及差波束形成网络的拓扑结构，并详细分析其工作原理；最后，利用提出的单一复合左右手传输线宽带移相器的设计方法，分别设计宽带 45°移相器、90°移相器和 180°移相器，结合宽带三分支 3 dB 分支线耦合器和威尔金森功分器，按照和差网络的拓扑结构分别设计宽带双圆极化和波束及差波束形成网络。⑥基于复合左右手传输线的零阶谐振特性，对比分析蘑菇阵列的双负零阶谐振天线和单负零阶谐振天线的全向辐射特性。分析结果表明，单负零阶谐振天线具有更加对称的全向方向图和更低的交叉极化，且结构简单，易于实现，因此，在设计全向天线时采用单负零阶谐振天线更具优势。⑦基于单负零阶谐振天线良好的全向辐射特性，设计蘑菇阵列的小型全向圆极化天线。蘑菇结构的单负零阶谐振天线可等效为电偶极子天线，在地板上加载环形支节可获得环向电流，环向电流可等效为磁偶极子天线；通过调节加载支节，使等效的电、磁偶极子天线具有相同幅度和 90°相位差，可在方位面实现全向圆极化辐射；相比传统谐振天线，所设计的天线实现了小型化。

本书的研究工作和出版得到了国家自然科学基金项目（项目编号：61701527，61372034，61601499）和陕西省自然科学基础研究计划（项目编号：2019JQ－583）的部分资助。

本书可以帮助相关工程技术和研究人员了解复合左右手传输线的理论技术，解决有关应用问题。

本书内容以曾会勇博士攻读博士阶段的研究成果为主，其他署名作者也做了大量细致的工作。其中宗彬锋主要负责第 1 章的编写，张秦主要负责第 2 章的编写，耿林主要负责第 3 章的编写，王光明主要负责第 4 章的编写，曾会勇主要负责第 5，6 章的编写。

写作本书曾参阅了相关文献、资料，在此，谨向其作者深表谢忱。

由于笔者水平有限，书中难免存在一些缺点和不足之处，恳请广大读者批评、指正并提出宝贵意见和建议。

著　者

2019 年 5 月

目　录

第 1 章　绪论…… 1

1.1　复合左右手传输线的特性分析 …… 2

1.2　复合左右手传输线在天馈线系统中的应用研究现状 …… 5

1.2.1　复合左右手传输线在天线单元中的应用现状 …… 8

1.2.2　复合左右手传输线在馈线系统中的应用现状…… 13

1.2.3　复合左右手传输线在天线阵列中的应用现状…… 22

第 2 章　基于平衡复合左右手传输线的双频微带天线阵列 …… 27

2.1　双频天线的研究现状…… 28

2.1.1　双/多频天线单元的研究现状 …… 28

2.1.2　双频天线阵列的研究现状…… 30

2.2　新型复合左右手传输线…… 34

2.2.1　结构模型…… 34

2.2.2　色散曲线…… 36

2.2.3　等效电路模型…… 37

2.3　复合左右手传输线传输特性分析…… 38

2.4　复合左右手双工器设计…… 42

2.4.1　复合左右手带通滤波器…… 43

2.4.2　复合左右手双工器…… 44

2.5　双频微带天线阵列设计…… 47

2.5.1　天线单元及子阵…… 47

2.5.2　双频天线阵列…… 50

2.6　小结…… 52

第3章　基于单一复合左右手传输线的宽带圆极化天线阵列 …………… 54

3.1　顺序旋转阵列的特性分析………………………………………… 55

3.1.1　顺序旋转阵列理论………………………………………… 55

3.1.2　圆极化特性分析…………………………………………… 57

3.1.3　增益特性分析……………………………………………… 68

3.2　单一复合左右手传输线宽带移相器设计方法………………… 69

3.2.1　宽带移相器的研究现状…………………………………… 70

3.2.2　单一复合左右手传输线分析……………………………… 71

3.2.3　超宽带移相器设计………………………………………… 73

3.3　宽带相移顺序旋转馈电网络设计………………………………… 75

3.3.1　宽带 90°移相器 ………………………………………… 76

3.3.2　宽带 180°移相器 ………………………………………… 78

3.3.3　宽带相移顺序旋转馈电网络……………………………… 81

3.4　宽带圆极化天线阵列设计………………………………………… 83

3.4.1　宽带圆极化天线单元设计………………………………… 83

3.4.2　天线阵列仿真结果及分析………………………………… 85

3.4.3　天线阵列实验结果及分析………………………………… 87

3.5　小结…………………………………………………………………… 89

第4章　基于复合左右手移相器的双圆极化和差波束形成网络 ………… 90

4.1　和差网络馈电相位分析……………………………………………… 91

4.1.1　和网络相位分析…………………………………………… 92

4.1.2　差网络相位分析…………………………………………… 95

4.2　和差网络结构分析…………………………………………………… 99

4.2.1　和网络结构………………………………………………… 99

4.2.2　差网络结构 ……………………………………………… 102

4.3　和差网络关键器件设计 …………………………………………… 103

4.3.1　耦合器和功分器设计 …………………………………… 103

4.3.2　45°移相器设计 ………………………………………… 105

4.3.3　90°移相器设计 ………………………………………… 106

4.3.4　180°移相器设计 ………………………………………… 107

4.4　和差网络实验结果 ………………………………………………… 108

4.4.1 和网络实验结果 …… 108
4.4.2 差网络实验结果 …… 115
4.5 小结 …… 121

第 5 章 基于单负零阶谐振器的小型全向圆极化天线 …… 123

5.1 全向圆极化天线的研究现状 …… 124
5.2 蘑菇阵列单负零阶谐振全向天线 …… 127
5.2.1 单负零阶谐振特性分析 …… 127
5.2.2 蘑菇阵列单负零阶谐振天线 …… 130
5.3 基于单负零阶谐振器的小型全向圆极化天线 …… 134
5.3.1 仿真结果 …… 134
5.3.2 实验结果 …… 139
5.4 小结 …… 143

第 6 章 结束语 …… 145

参考文献 …… 148

第1章 绪　　论

有别于传统材料的左手材料已成为当今最具活力的研究领域之一，左手材料与传统的右手材料互为对偶，很多性质是互补的。作为左手材料重要实现方式的复合左右手(Composite Right/Left - Handed, CRLH)传输线更引起了研究人员的极大关注，复合左右手传输线概念的提出，不仅丰富了传输线理论，更重要地是开启了人们自由控制传输线的色散曲线这扇大门，改变了传统微波器件的设计理念。

左手材料的首次提出是在1967年，苏联物理学家Veselago同时改变介电常数ε和磁导率μ的符号，麦克斯韦方程仍然成立，此时电场、磁场与波矢量之间构成左手螺旋关系，Veselago将之命名为“左手材料”[1]，由于自然界从未发现这样的物质，这一颠覆性的概念一直无人问津；直到1999年英国皇家学院的Pendry教授首次从理论上证明了左手材料的存在[2-3]，Veselago的开拓性工作才引起关注；根据Pendry教授的理论，2001年美国麻省理工学院的Smith教授首次人工合成了“块状”左手材料[4-5]，此后，左手材料逐渐成为了物理学界和电磁学界的研究热点；2002年，Itoh教授和Eleftheriades教授几乎同时提出了传输线结构的左手材料，称为复合左右手传输线法[6-9]，复合左右手传输线避免了“块状”左手材料的谐振结构，其传输响应和频率范围均能满足微波电路的要求，具有频带宽和损耗低的优点，易于在微波电路中应用。

天线作为发射和接收电磁波的设备，处于微波无线通信和探测系统的最前端，它的性能对整个系统有非常重要的影响；馈线系统的功能是保证天线阵列中各天线单元的幅度和相位按需分布，是影响天线阵列总体性能的关键。目前，复合左右手传输线的理论与应用研究已在微波技术领域深入展开，特别是在天馈线系统中的应用研究已成为热点。复合左右手传输线的非线性色散曲线及相位常数可在实数域内任意取值，使其具有传统传输线所不具备的双/多频特性、宽带移相特性、小型化特性及零/负阶谐振特性，因此，基于复合左右手传输线的微波器件具有许多传统结构不具备的功能。利用复合左右手传输线可设计双/多频、宽频、小型和圆极化的天馈线系统，在军用和民用方面都具有重要意义和广阔应用前景。

在军用方面，随着高速集成电路的快速发展，现代电子战武器装备必然要朝多功能一体化、小型集成化、多频段、宽带化和智能化方向不断迈进，虽然当今雷达的主流是有源相控阵雷达，但未来的发展趋势是数字雷达。这种雷达体积小、质量轻、造价低且工作频带宽，因此天馈线系统作为雷达系统的关键部件，也要求体积小和工作频带宽[10]。在民用方面，现代通信正向着高速及宽频方向发展，但目前能够使用的频谱资源是有限的，单频段通信系统已不能很好地满足无线通信的需求，双/多频通信系统是今后无线通信发展的方向[11]，作为通信系统重要组成部分的天馈线系统也应朝双/多频方向发展。因此，无论是从军用还是从民用来说，设计出体积小、频带宽及双/多频的天馈线系统都有重大的意义。

综上所述，复合左右手传输线法的提出，为研究左手材料的物理机制提供了一个重要方法，同时为复合左右手传输线的设计提供了理论依据。目前，复合左右手传输线在微波工程中的应用研究大多集中在天线单元和单个微波器件方面，而在天线阵列及阵列馈线系统方面的研究文献较少，许多问题有待深入研究。针对军事实用化难题，进行深入的理论和应用研究，包括复合左右手传输线新型结构的实现，特殊性能和工作机理的研究，分析方法和设计步骤的归纳及工程应用的实现等，使复合左右手传输线在天馈线系统中得到应用，具有重要的理论意义和实用价值。

1.1　复合左右手传输线的特性分析

由于电场、磁场与波矢量构成左手螺旋关系，基于传输线结构的左手材料被称为左手传输线，为便于对比，传统传输线被称为右手传输线。由电磁场理论可知，当电磁波通过传输线时会产生分布参数效应，因为实际结构中不可避免地存在寄生串联电感和并联电容所产生的右手效应。其中寄生电容是由电压梯度产生的，寄生电感是由电流沿金属化方向的流动产生的[12]。可见，理想的左手传输线并不存在，因此就出现了复合左右手传输线的概念，许多文献也称为左右手传输线。随着研究的深入，相继出现了广义复合左右手传输线[13]、对偶复合左右手传输线[14]及单一复合左右手传输线等新概念[15]，将这些类型均归为复合左右手传输线的范畴，作为复合左右手传输线的拓展研究内容。

在忽略损耗的情况下，右手传输线、左手传输线和复合左右手传输线的电路模型分别如图 1-1～图 1-3 所示。

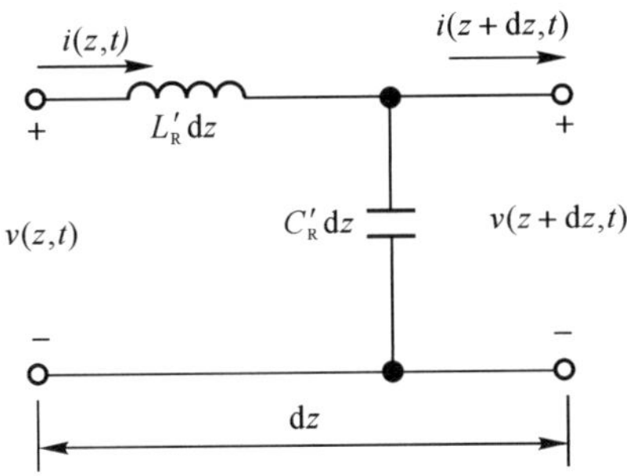

图 1-1　右手传输线的集总参数等效电路

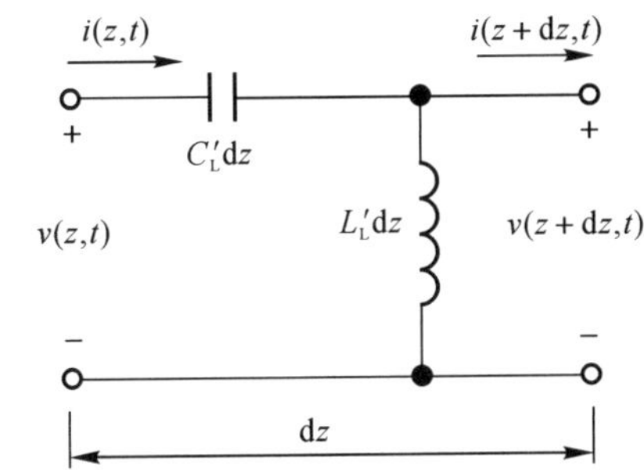

图 1-2　左手传输线的集总参数等效电路

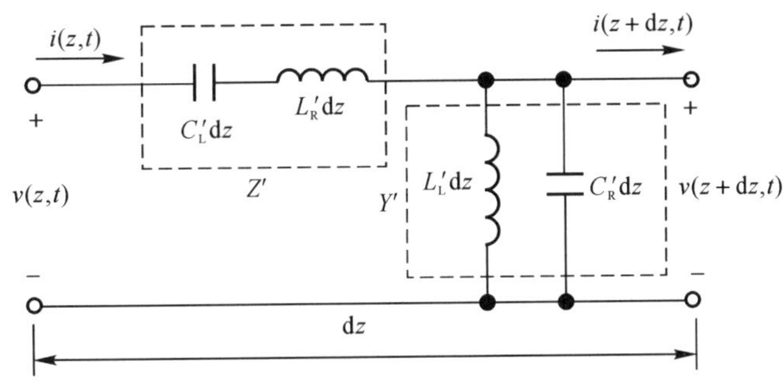

图 1-3　复合左右手传输线的集总参数等效电路

由图 1-1 可知，对于右手传输线，单位长度的串联阻抗和并联导纳分别为 $Z'_R = j\omega L'_R$ 和 $Y'_R = j\omega C'_R$，传播常数为 $\gamma_R = \sqrt{Z'_R Y'_R} = \sqrt{(j\omega L'_R)(j\omega C'_R)} = j\beta_R$，$\beta_R$ 为相位常数。则右手传输线的相位常数为

$$\beta_R(\omega) = \omega\sqrt{L'_R C'_R} \tag{1-1}$$

同理，根据图 1-2 和图 1-3 可分别计算左手传输线和复合左右手传输

线的相位常数分别为

$$\beta_{L}(\omega) = -\frac{1}{\omega\sqrt{L'_{L}C'_{L}}} \tag{1-2}$$

$$\beta_{LR}(\omega) = s(\omega)\sqrt{\omega^{2}L'_{R}C'_{R} + \frac{1}{\omega^{2}L'_{L}C'_{L}} - \left(\frac{L'_{R}}{L'_{L}} + \frac{C'_{R}}{C'_{L}}\right)} \tag{1-3}$$

式中

$$s(\omega) = \begin{cases} -1, \omega < \omega_{\Gamma1} = \min\left(\dfrac{1}{\sqrt{L'_{R}C'_{L}}}, \dfrac{1}{\sqrt{L'_{L}C'_{R}}}\right) \\ +1, \omega > \omega_{\Gamma2} = \max\left(\dfrac{1}{\sqrt{L'_{R}C'_{L}}}, \dfrac{1}{\sqrt{L'_{L}C'_{R}}}\right) \end{cases} \tag{1-4}$$

式(1-3)中的相位常数 β_{LR} 可以是纯实数或纯虚数。在 β_{LR} 是纯实数的频率范围,存在通带;在 β_{LR} 是纯虚数的频率范围,则存在阻带。阻带是复合左右手传输线的突出特性,右手传输线和左手传输线是不存在阻带的。

根据式(1-1)、式(1-2)和式(1-3)可分别得到右手传输线、左手传输线和复合左右手传输线的色散曲线示意图,即 $\omega-\beta$ 图[16-17],分别如图 1-4(a)(b)(c)所示。

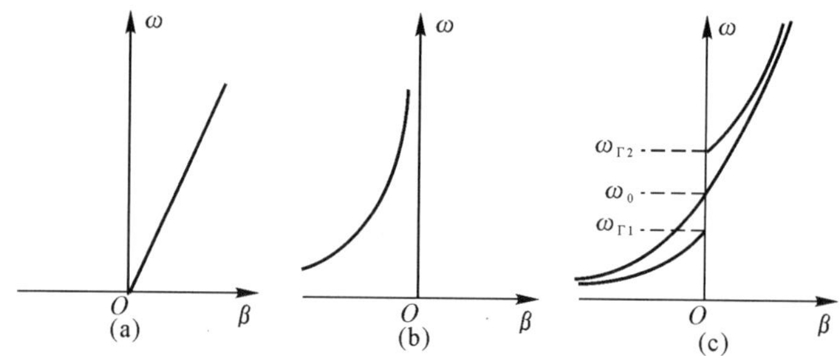

图 1-4 传输线的色散关系示意图

(a)右手传输线;(b)左手传输线;(c)复合左右手传输线

传输线的群速($v_g = d\omega/d\beta$)和相速($v_p = \omega/\beta$)可由如图 1-4 所示的色散图得到:对于右手传输线来说,群速 v_g 和相速 v_p 相互平行($v_g v_p > 0$);对于左手传输线,群速 v_g 和相速 v_p 反向平行($v_g v_p < 0$);复合左右手传输线具有一个左手区域($v_g v_p < 0$)和一个右手区域($v_g v_p > 0$)。图 1-4(c)也表明,当 γ 是纯实数时,复合左右手传输线出现阻带。一般情况下,复合左右手传输线的串联谐振和并联谐振是不相等的,称之为非平衡条件;但当串联谐振与并联谐振相等时,即 $L'_{R}C'_{L} = L'_{L}C'_{R}$,在给定的频率上,左手部分的影响和右

手部分的影响平衡，称之为平衡条件[12]。平衡条件下，复合左右手传输线的相位常数可写为

$$\beta_{LR} = \beta_R + \beta_L = \omega\sqrt{L'_R C'_R} - \frac{1}{\omega\sqrt{L'_L C'_L}} \tag{1-5}$$

式中，复合左右手传输线的相位常数分成右手传输线相位常数 β_R 和左手传输线相位常数 β_L，表明此时复合左右手传输线中的左手部分和右手部分可单独分析和设计。因为相速依赖于频率，随着频率的增加，复合左右手传输线的色散也增加，这也说明复合左右手传输线具有双重特性，在低频段左手性占优，表现为左手传输线；在高频段右手性占优，表现为右手传输线。

平衡条件下复合左右手传输线的左手区域和右手区域的过渡出现在

$$\omega_0 = \frac{1}{\sqrt[4]{L'_R C'_R L'_L C'_L}} = \frac{1}{\sqrt{L'_R C'_L}} \tag{1-6}$$

式中，ω_0 称为过渡频率。对于平衡条件，复合左右手传输线的左手区域到右手区域为无缝过渡，其色散曲线没有阻带。虽然在 ω_0 处相位常数 β_{LR} 为零，相当于有无限的导波波长（$\lambda_g = 2\pi/|\beta_{LR}|$），但群速 v_g 为非零量，能量的传播依然存在。此外，长度为 d 的复合左右手传输线的相移在 ω_0 处为零（$\varphi = -\beta_{LR} d = 0$），在左手频率范围（$\omega < \omega_0$），相位超前（$\varphi > 0$）；在右手频率范围（$\omega > \omega_0$），相位滞后（$\varphi < 0$）[12]。

均匀的复合左右手传输线结构在自然界并不存在，但在一定频率范围内，若导波波长比结构的不连续大得多时，可认为传输线是均匀的。如通过周期形式的级联 $L-C$ 单元，可以构建长度为 d 的均匀复合左右手传输线，需要注意的是复合左右手传输线的实现并非一定要求周期性，选用周期结构只是为了计算和制作方便。

1.2　复合左右手传输线在天馈线系统中的应用研究现状

由 1.1 节的分析可知，复合左右手传输线独特的色散关系使其具有右手传输线所不具备的特性，如双/多频、宽带移相、小型化及零/负阶谐振特性等，因此，很多传统微波元器件可采用复合左右手传输线来设计，使原有性能得到改善，更好地满足电路指标要求。本节对典型的复合左右手传输线结构及其在天线单元、馈线系统和天线阵列中的应用进行系统总结，对复合左右手传输线在天馈线系统中的应用研究具有重要的参考价值。

自然界不存在复合左右手传输线，它的实现需要人为设计，主要有两种实

现方式:一种是利用表面贴装技术(Surface Mount Technology,SMT)的集总参数元件来实现[18];另一种是利用集成传输线的分布参数效应来实现,分布参数效应的复合左右手传输线最常见的有两种实现方式,一是利用交指缝隙和短路支节实现[6,19],典型结构如图 1-5 所示,二是采用逆开环谐振器及其变形结构结合微带缝隙实现[20-24],典型结构如图 1-6 所示。集总参数的表面贴装技术片式元件可直接利用,可容易、快捷地实现复合左右手传输线,但表面贴装技术片式元件只存在离散值,且由于自身谐振的原因不能用于高频,这样基于表面贴装技术片式元件的复合左右手传输线只能工作于较低频段;分布参数的复合左右手传输线因结构简单、易于实现且能工作于较高频段而具有更大的应用潜力。虽然分布参数元件可以工作在任意频率上,但在低频时会占用较大的尺寸,不利于小型化和降低成本。因此,表面贴装技术片式元件和分布式元件可以优势互补,在低频时一般选用表面贴装技术片式元件,在高频时一般选用分布式元件。

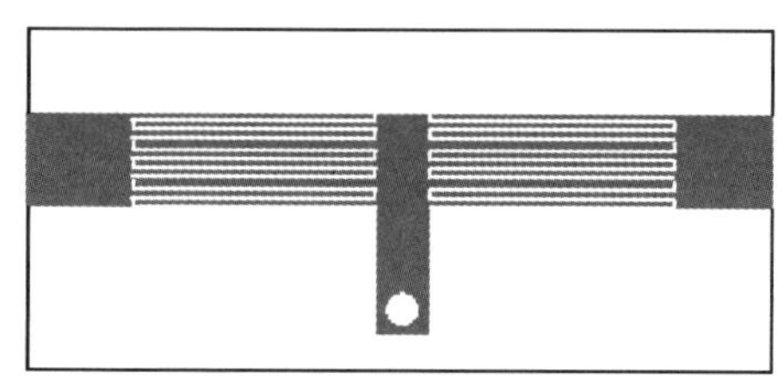

图 1-5 交指缝隙和短路支节实现方式

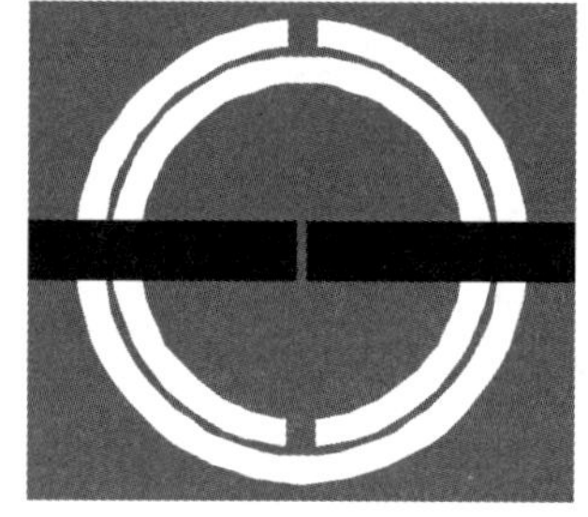

图 1-6 逆开环谐振器和微带间隙实现方式

文献[25]提出了一种小型化超宽带复合左右手传输线结构,在传统的基于交指缝隙和接地过孔的复合左右手传输线基础上,将交指缝隙的两边分别添加一个接地短截线,形成了一种对称的 π 形复合左右手传输线结构,如图 1-7所示,该结构具有超宽带特性;文献[26]提出了一种基于 Minkowski 分形互补型开环谐振器的电小平衡复合左右手传输线,如图 1-8 所示,与基于传统互补开环谐振器的复合左右手传输线相比,该结构通带带宽明显展宽,相对带宽达到 113.7%;文献[27]提出了一种基于共面波导的新型超宽带复合左右手传输线,根据 Bloch 周期电路理论,由单元集总等效电路模型,推导出左、右手频率范围和相应的相速、衰减特性,提取了传输线的等效本构参数,新结构左、右手参数独立可调,设计、调整方便,相比常见的交指或缝隙耦合,面面耦合形成的串联电容可有效抑制高频谐振,拓宽传输线通带;文献[28]提出了基于开口环结构的复合左右手共面波导传输线，将开口环对称地制备在介质板背面且正对共面波导缝隙处，连接共面波导中心信号线和地板的细金属线正对开环谐振器(Split Ring Resonator, SRR)的中心区域，如图 1-9 所示；文献[29]利用表面贴装技术片式元件实现了基于共面波导的复合左右手传输线，如图 1-10 所示。

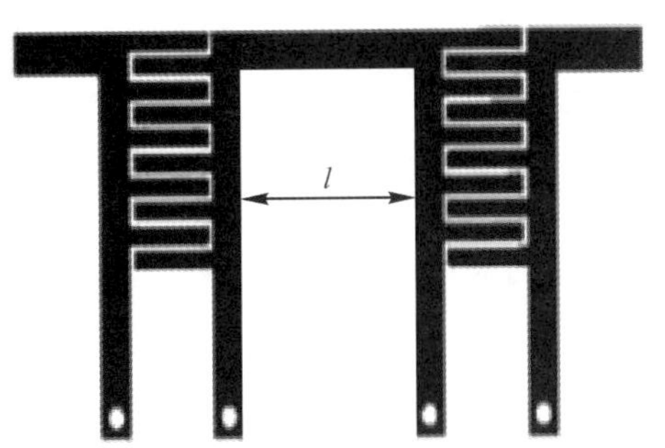

图 1-7　文献[25]报道的复合左右手传输线

1-8　文献[26]报道的复合左右手传输线

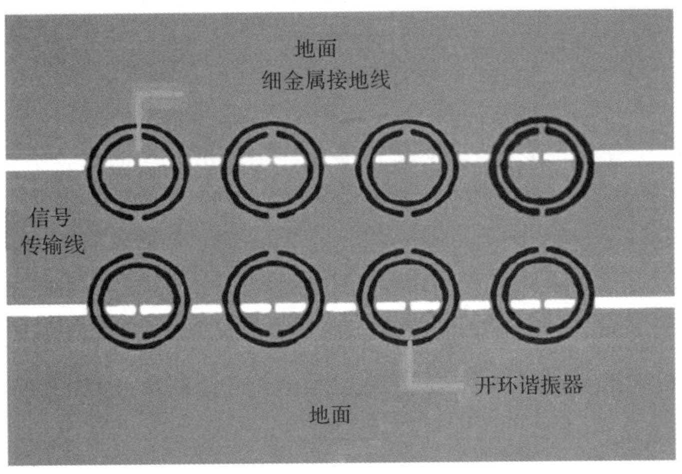

图 1-9　文献[28]报道的复合左右手传输线

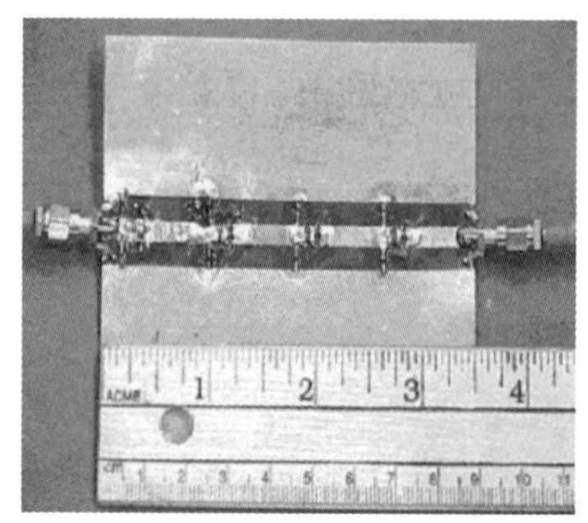

图 1-10 文献[29]报道的复合左右手传输线

1.2.1 复合左右手传输线在天线单元中的应用现状

针对复合左右手传输线的双/多频特性、宽带移相特性、小型化特性及零/负阶谐振特性，本节对复合左右手传输线及“块状”左手材料在小型天线单元、双/多频天线单元、宽频天线单元和高增益天线单元中的应用进行总结。

1. 小型天线单元

传统的天线小型化方法主要有短路加载、选用高介电常数基板、开槽开缝及利用集总元件等。但是，这些方法一般会牺牲天线的增益、效率和带宽等性能。基于复合左右手传输线的小型化特性，可利用复合左右手结构的相位补偿作用实现天线的小型化。

文献[30]提出了基于复合左右手介质的一维小型化谐振腔结构，即将左手介质的后向波效应与右手介质的前向波效应相结合设计出小于 $\lambda_0/2$ 的谐振腔，将其应用到天线中可突破传统微带天线 $\lambda_0/2$ 电尺寸的限制，实现天线的小型化；文献[31]利用左手材料制作了双夹板谐振腔天线，将腔体厚度减少到了 $\lambda_0/2$ 以下，设计了小型化天线，并且天线具有很好的方向性；文献[32]提出了基于左手材料谐振腔的超小型高指向天线，这种人工磁导体由两个法布里-珀罗谐振腔反射器构成，这种谐振腔的厚度可达到 $\lambda_0/60$ 的数量级；文献[33]通过在介质基板上排列周期平板金属结构，实现了左手特性，采用这种结构设计了小型的亚波长谐振腔天线，谐振腔的厚度同样可以达到 $\lambda_0/60$；文献[34]采用交指型复合左右手传输线设计了工作于 L 波段的小型微带天线，如图 1-11 所示，与相同频率的传统矩形微带天线相比，设计的复合左右手微带天线的尺寸减小了 51%，而增益特性没有明显的变化；由于零阶谐振频率和物理长度无关，理论上其物理长度可以任意小，文献[35]利用复合左右手传输线的零阶谐振特性设计了小型微带天线，如图 1-12 所示。

图1-11 文献[34]报道的小型天线

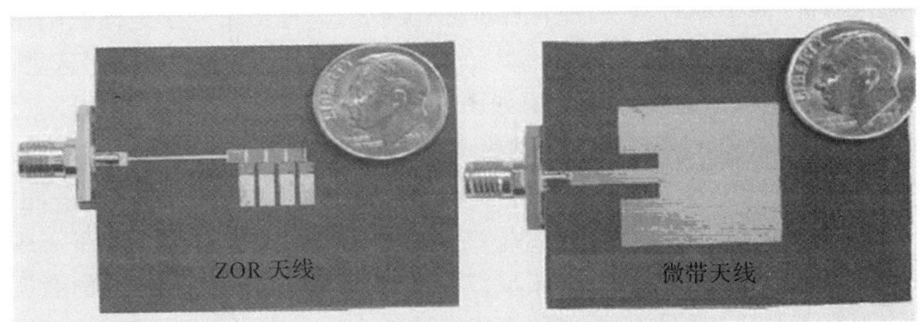

图1-12 文献[35]报道的小型天线

2. 双/多频天线单元

双/多频天线单元的出现满足了人们对现代无线通信功能多样化的需求，实现双/多频的传统方法主要有利用双馈线和改变贴片天线形状等。这些方法一般具有辐射方向图相异和辐射效率较低等缺点，且尺寸较大。由于复合左右手传输线具有正阶、零阶和负阶谐振频率，因而可实现双/多频天线。

文献[36]基于复合左右手传输线提出了一种由低频带和高频带零阶谐振天线构成的双频零阶谐振天线，谐振频率分别位于0.86 GHz和1.8 GHz，辐射效率的测量结果分别为53%和41%，并实现了全向辐射，其缺点是带宽较窄；文献[37]基于复合左右手传输线结构通过在基板两侧刻蚀平板图案设计了双频天线，该结构不需要添加过孔和集总元件就可很容易地实现微带线的激励，所设计的双频带天线可实现0.373 GHz的负阶频率和0.817 GHz的正阶谐振，并且具有全向辐射特性和小型化特性；文献[38]采用交指电容和并联电感构成的复合左右手传输线设计了双频圆极化环形天线，两个频带具有相似的辐射方向图，且具有很好的轴向辐射特性，工作频率分别为1.768～

1.776 GHz 和 3.868～4.007 GHz；文献[39]提出了一种小型双频左手材料天线阵列，该天线具有体积小和辐射效率高的特点；文献[40]利用复合左右手传输线结构的零阶和负阶谐振设计了多频天线，其中，6 单元复合左右手传输线结构可以在－2 阶、－1 阶、0 阶和多个正阶频率谐振，其在多个频带的辐射效果可等效为一个沿贴片周围的磁流，该天线具有低剖面的垂直极化特性；文献[41]提出了一种双层介质的复合左右手传输线，并利用其设计了双频天线，天线由 4 个复合左右手传输线单元组成，如图 1－13 所示，天线分别谐振在 1.06 GHz和 2.12 GHz；文献[42]提出一种新概念的左手材料，将金属开口环周期地嵌入普通介质中，使常规介质的特性发生了变化，同时拥有左手效应和右手效应，然后用新合成的介质作为基底来设计天线，天线谐振在 0.49 GHz 和 2.48 GHz 两个频点，且匹配特性良好；文献[43]提出了基于地面缺陷结构的对偶复合左右手传输线单元，该单元包含两个右手区域和一个左手区域，因此其多频特性更加突出，天线结构如图 1－14 所示，天线依次谐振在－1 阶、0 阶和＋1 阶，对应的谐振频率分别为 2.57 GHz，3.72 GHz 和 4.64 GHz；文献[44]提出了一种基于复合左右手移相线的双频天线，如图 1－15 所示，由于左手材料较大的尺寸缩减性，移相线的尺寸只有 $0.212\lambda_0$，从而减小了天线的尺寸；文献[45]研究了基于基片集成波导结构的复合左右手传输线的谐振模式，通过在基片集成波导正面腐蚀交指缝隙的方法获得了串联电容，本身的短路针构成了并联电感，基于该复合左右手传输线分别设计了终端短路和终端开路的缝隙天线，如图 1－16 所示，该天线可以工作在－1 阶、0 阶和＋1 阶谐振模式，适用于多频通信系统。

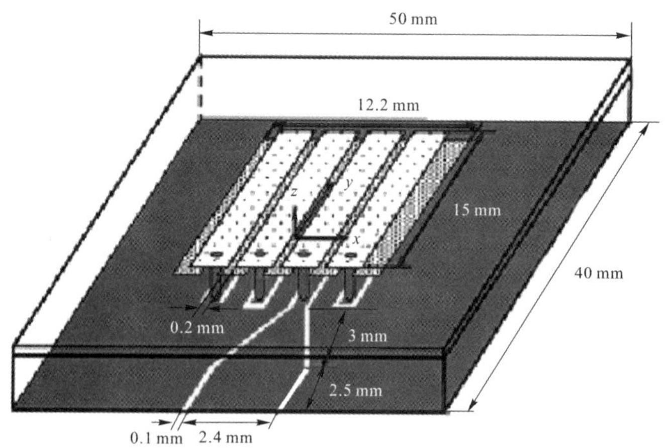

图 1－13　文献[41]报道的双频天线

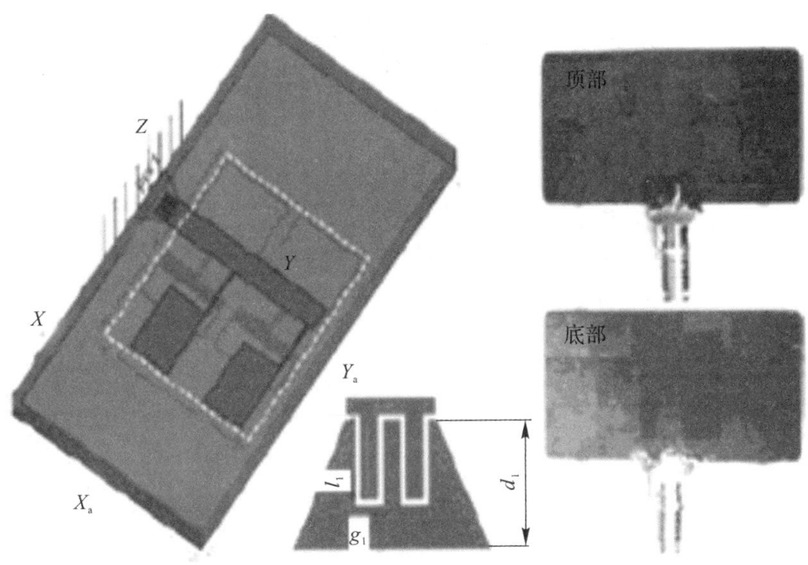

图 1-14　文献[43]报道的多频天线

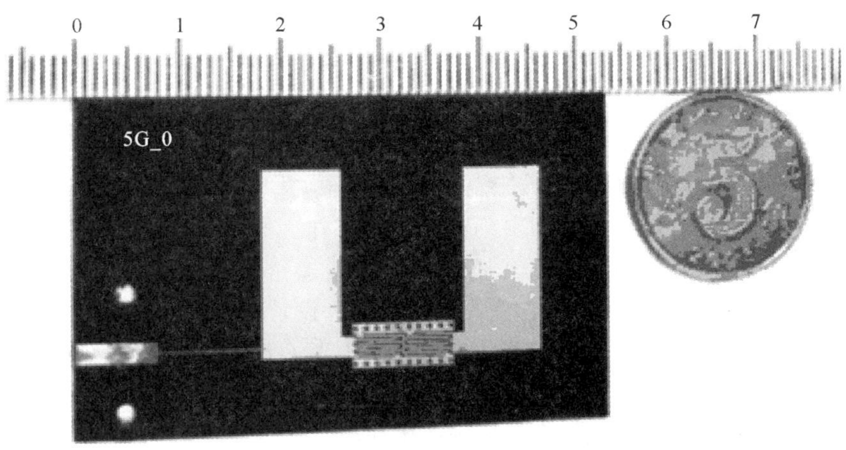

图 1-15　文献[44]报道的双频天线

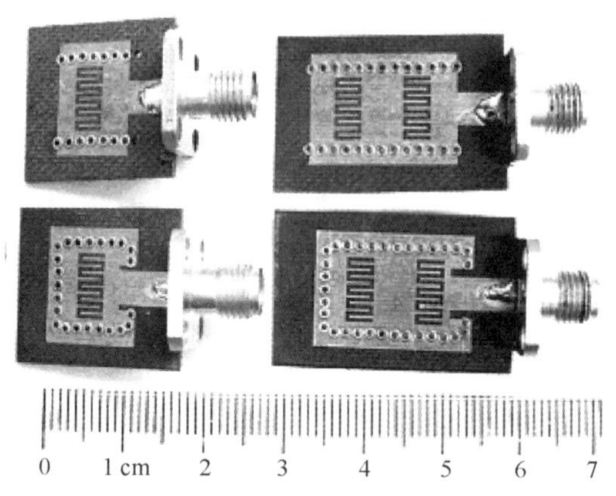

图 1-16　文献[45]报道的多频天线

3.宽频天线单元

金属谐振结构的左手材料通常仅在谐振频率下表现出左手特性，存在损耗较大和频带较窄的缺点，限制了其在宽频天线中的应用；而复合左右手传输线结构具有损耗低、频带宽、体积小及制作容易等优点，更适合宽频天线的设计。

文献[46]基于双谐振理论提出了一种小型宽频天线，天线由两部分复合左右手传输线组成，且在每部分传输线周围加载 5 个螺旋电感，用以调整其工作频率，天线结构如图 1-17 所示，天线带宽达到 0.1 GHz；文献[47]提出了一种宽带小型化的复合左右手传输线结构的微带天线，其基板上层有 4 个复合左右手传输线结构，并在通孔与地板间引入两个平行金属板，用以减小并联电容值，因为随着并联电容值的减小带宽会增大，因此这种结构可显著增加天线的带宽；文献[48]利用新型二维复合左右手传输线设计了超宽带、高增益的矩形微带贴片天线，这种结构由刻蚀在金属贴片上的三角带隙及刻蚀在地面上的十字带状线组成，天线带宽从 0.2 GHz 增加到了 3 GHz，且辐射效率超过 98%；文献[49]利用复合左右手传输线理论设计了两种新型超宽带天线，一种是圆形结构，其频带覆盖范围为 2.63～8.55 GHz，另一种是矩形结构，其带宽也超过了 2 GHz，且均具有较高的辐射效率，此类天线适用于高速短距离的无线通信系统，如无线个人局域网系统等；文献[50]设计了一种螺旋形复合左右手传输线超宽带天线，其带宽可达 2.2 GHz，相对带宽为 25.3%；文献[51]将复合左右手传输线的 0 阶和 −1 阶谐振靠近，设计了宽带天线，如图 1-18所示，天线相对带宽达到 20.3%。

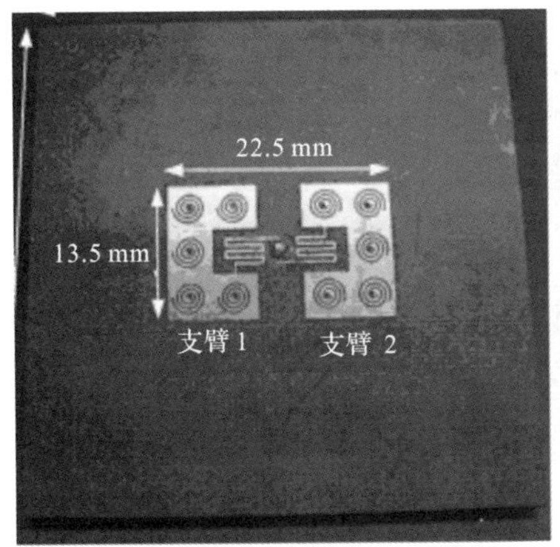

图 1－17　文献[46]报道的宽频天线

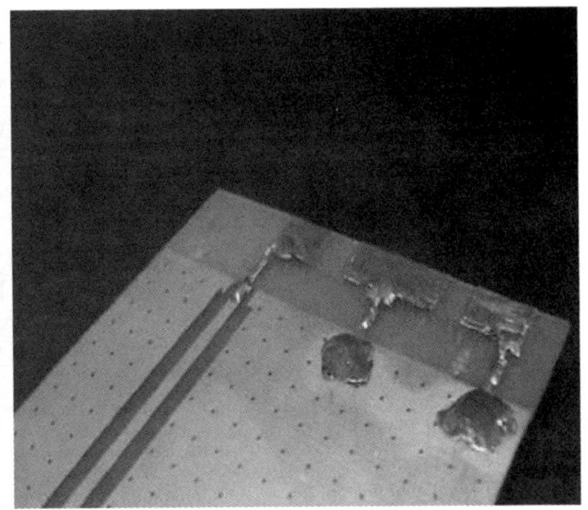

图 1－18　文献[51]报道的宽频天线

4. 高增益天线单元

传统的提高天线增益的方法有多种，如改用抛物面天线、采用阵列天线及碟形天线等，但这些天线大多体积过大，限制了它们的应用。微带天线虽然体积小，但其增益较低，且辐射方向容易受表面波的影响。采用基于复合左右手结构的“块状”左手材料作为天线介质基板或天线覆层，可提高天线的增益，同时体积没有太大增加。

文献[52－53]报道了采用左手材料平板透镜聚焦效应提高天线增益的方法，获得了很高的增益，且实现了天线的小型设计；文献[54]从理论上研究了左手材料作为天线覆层对微带天线的影响，左手材料由矩形开口环和金属线组成，将一定体积的这种左手材料覆层置于天线的前方，可使天线的增益提高 2.8 dB，且方向性良好；文献[55]将金属开口环结构与电容加载金属线相结合构造出新型的左手材料结构，将其作为微带天线的覆层，可显著提高增益，且方向性良好；文献[56]研究了在微带贴片天线上覆盖方形开口环结构的左手材料对天线性能的影响，发现随着加载这种左手材料层数的增加，天线的增益随之增高，4 层这种结构的天线增益达到 2.12 dB；文献[57]设计了基于金属开口环结构左手材料的圆形贴片天线，天线增益由 2.02 dB 增加到 3.51 dB，具有更好的匹配性能，且天线的尺寸只有传统天线的一半左右。

1.2.2　复合左右手传输线在馈线系统中的应用现状

馈线系统的功能是保证天线阵列中各天线单元的幅度和相位按需分布，

因而馈线系统的优劣是影响天线阵列总体性能的关键。天线的馈线系统主要包括功分器、滤波器、双工器、耦合器、混合环和移相器等。本节分别总结了复合左右手传输线在这些器件中的应用现状。由于大多复合左右手双工器是由两个工作于不同频率的复合左右手带通滤波器构成的，在总结时没有将双工器单独列出。

1. 功分器

功分器是微波信号分离及阵列天线馈电等应用场合的重要器件，其性能直接影响天线的幅度和相位关系，复合左右手传输线出现以后，研究人员设计了多种基于复合左右手传输线的功分器结构，大多利用复合左右手传输线的小型化特性来设计小型化功分器：文献[58]提出了一种新型的基于复合左右手传输线的威尔金森功分器，该器件利用复合左右手传输线的非线性色散特性，使用 $L-C$ 元件构成的 $\lambda_0/4$ 复合左右手传输线代替传统功分器的右手传输线构成分支臂，结果表明该新型的功分器能有效增加隔离带宽，并缩小功分器的尺寸；文献[59]根据复合左右手传输线的双曲-线性色散关系设计了零相移复合左右手传输线，利用这种传输线来替代传统功分器的隔离网络，可有效减小整个功分器的尺寸，采用零相移复合左右手传输线来替代三等分功分器的隔离网络，如图 1－19 所示，整个功分器的面积比传统功分器减小了 70%；文献[60]基于复合左右手传输线的零阶谐振特性设计了工作于 2.45 GHz 的 4 路微波功分器，此功分器等幅同相地将输入功率分配到各个输出端口，输出端口位置对功率分配没有影响，在 2.2～2.65 GHz 的频率范围内，功分器各输出端口功率相差在 1 dB 以内，在 2.22～2.56 GHz 的频率范围内，输出端口的相位差在 15°以内；文献[61]将逆开环谐振器嵌入微带线，设计了新型的复合左右手传输线，并用于小型化 T 形功分器的设计，如图 1－20 所示，与传统功分器相比面积减小了 75%；文献[62]利用零相移传输线代替传统一分四串联功分器中长度为一个波长的右手传输线，设计出小型宽带一分四串联功分器，零相移线采用表面贴装技术元件和微带线实现，该功分器与传统结构的对比如图 1－21 所示；文献[63]采用复合左右手传输线结构代替传统 T 形功分器的 $\lambda_0/4$ 阻抗变换线，设计了小型功分器，如图 1－22 所示，阻抗变换线的尺寸减小了 70%。

图 1-19　文献[59]报道的小型功分器

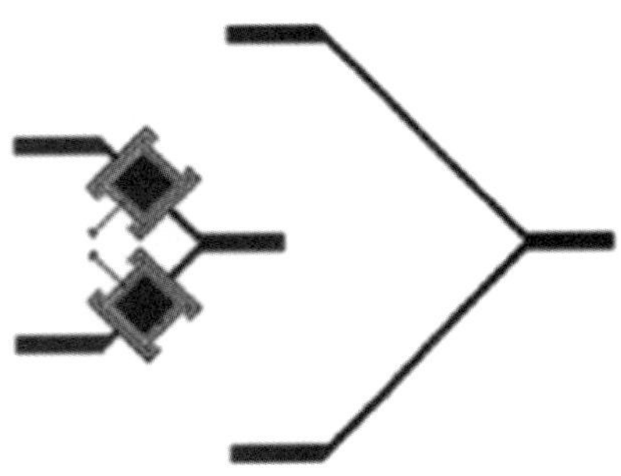

图 1-20　文献[61]报道的小型功分器

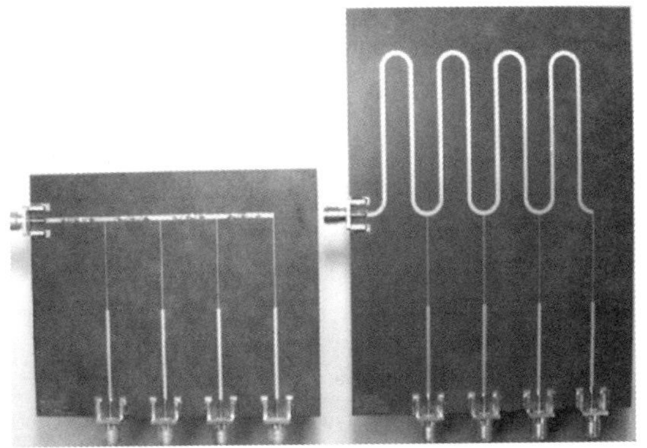

图 1-21　文献[62]报道的小型功分器

图 1-22　文献[63]报道的小型功分器

2.滤波器

滤波器通过在通带内提供信号传输并在阻带内提供衰减，用以控制微波系统中某处的频率响应。滤波器是微波电路中的重要器件。在此主要对复合左右手传输线分别在双频滤波器、带通滤波器及超宽带滤波器中的应用进行总结。

在双频滤波器方面：文献[64]采用加载复合左右手短路支节和共面波导开路支节相结合的方式，设计了双频滤波器，两个通带的带宽独立可调，结构紧凑，对高频谐波也有较好的抑制效果；文献[65]根据复合左右手传输线在实现双频微波器件领域的独特优势，设计了一个微带结构的双频滤波器，如图1-23所示；文献[66]采用基于逆开口谐振单环的复合左右手传输线设计了双频滤波器。

在带通滤波器方面：文献[67]提出了一种工作于X波段的基于复合左右手传输线的零阶谐振器单元，利用两个单元设计了工作于9.2～9.5 GHz的新型带通滤波器，该滤波器与基于耦合微带线形式的传统滤波器相比，保持了较小的带内波纹和良好的截止特性，且尺寸减小了80%；文献[68]基于地面缺陷和微带缝隙设计了复合左右手传输线单元，并将两级单元级联设计了带通滤波器，如图1-24所示。

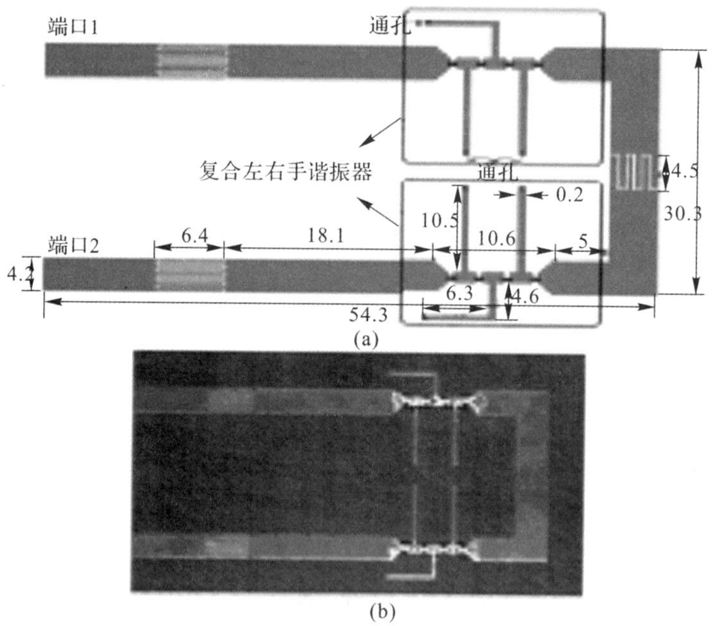

图1-23 文献[65]报道的双频滤波器

(a)结构图；(b)实物照片

图 1-24　文献[68]报道的带通滤波器

在超宽带滤波器方面：由于平衡复合左右手传输线的左手通带和右手通带中间不存在阻带，二者合并为一个通带，通过这种方式可实现超宽带滤波器。文献[69]提出一种基于 10 单元复合左右手结构的新型超宽带滤波器，如图 1-25 所示；文献[70]提出了由面面耦合形成的改进型复合左右手传输线周期单元，并基于该单元设计了超宽带滤波器，如图 1-26 所示，滤波器具有尺寸小和插损低的优点；文献[71]提出了逆开环谐振器与并联支节的组合结构以及基于该组合结构的小型超宽带滤波器，如图 1-27 所示；文献[72]利用基于逆开环谐振器复合左右手传输线的平衡态，设计了宽带带通滤波器，同时在原有结构中引入并联接地支节用以实现对二次谐波的控制，将左手通带、右手通带及二次谐波通带合并设计了高性能、小型化的超宽带带通滤波器，对应的宽带带通滤波器和超宽带带通滤波器结构如图 1-28 所示。

图 1-25　文献[69]报道的超宽带滤波器

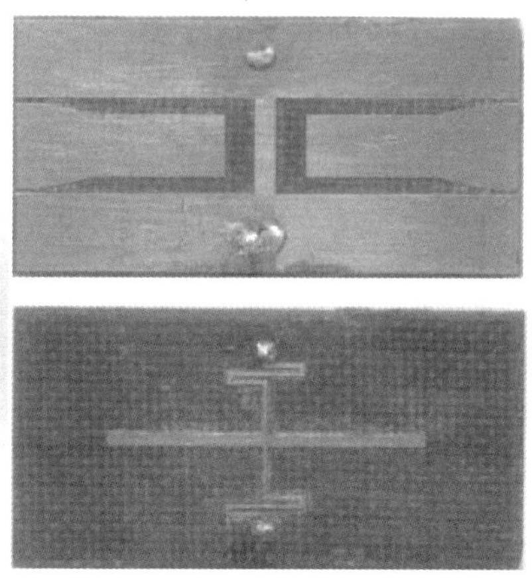

图 1-26　文献[70]报道的超宽带滤波器

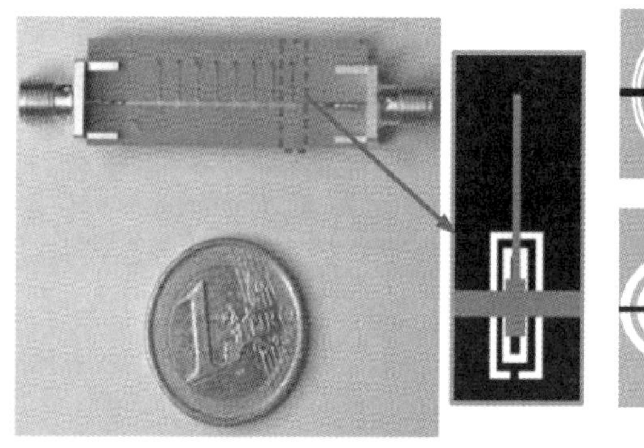

图 1-27　文献[71]报道的超宽带滤波器

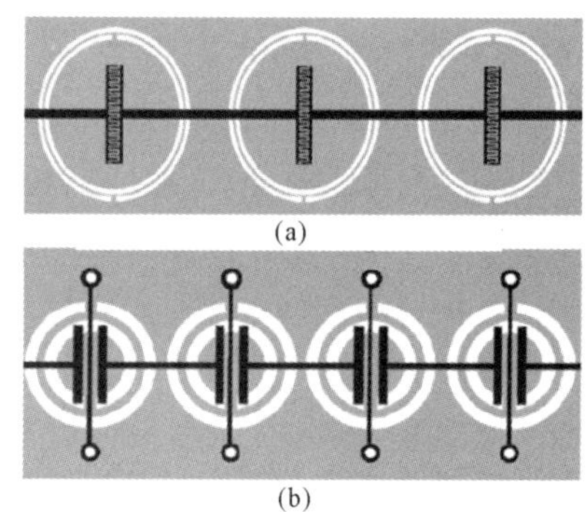

图 1-28　文献[72]报道的超宽带滤波器
(a)宽频带带通滤波器;(b)超宽带带通滤波器

3.耦合器和混合环

在利用复合左右手传输线设计耦合器和混合环方面:文献[73]利用复合左右手传输线的色散可控特性及负电长度特性,设计了基于复合左右手传输线单元的正负 $\lambda_0/4$ 短/开路线,指出对应的两个频率独立可调,并在此基础上设计了基于复合左右手传输线的双频分支线耦合器和混合环,如图 1-29 所示;文献[74]根据复合左右手传输线的特殊性质提出了一种新的耦合机制,从理论上实现了 100%的紧耦合,根据这种耦合机制设计了对称型和不对称型的耦合器,如图 1-30 所示;文献[75]基于逆开环谐振器的复合左右手传输线设计了小型双频分支线耦合器,如图 1-31 所示;文献[76]提出了由复合左右手传输线和右手传输线构成的高方向性定向耦合器，此处复合左右手传输线由交指电容和并联短路支节构成；文献[77－78]提出了基于耦合线的复合左右手传输线单元，并利用该单元设计了小型分支线电桥和具有任意耦合度的定向耦合器，该单元结构及其应用设计如图 1－32 所示，此类复合左右手传输线结构简单，且没有引入接地过孔，具有很大的应用潜力。

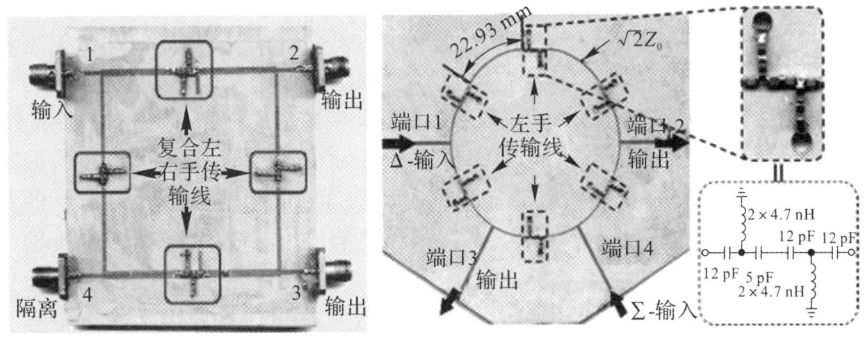

图 1－29　文献[73]报道的双频分支线耦合器和混合环

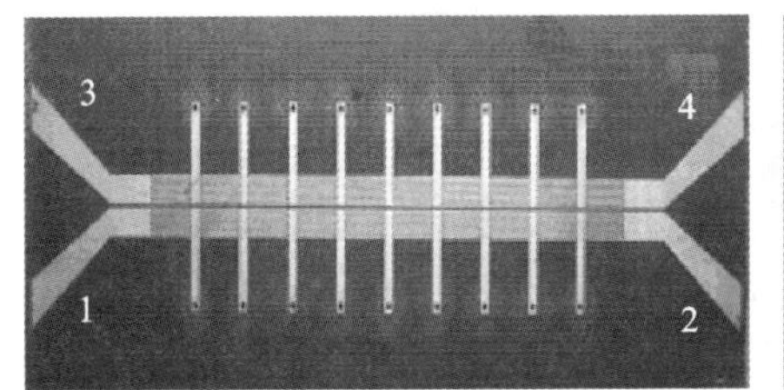

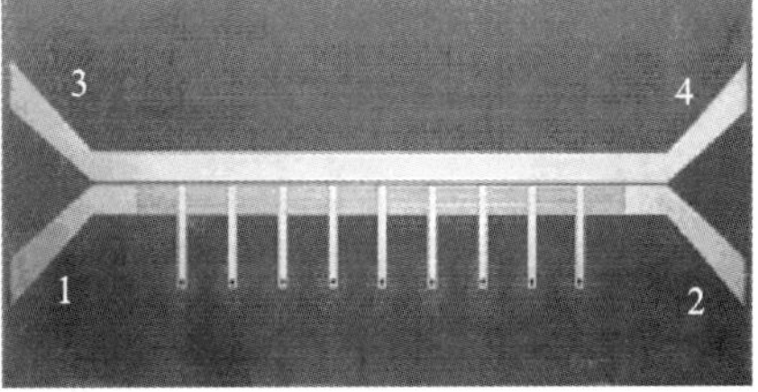

图 1－30　文献[74]报道的对称型耦合器和不对称型耦合器

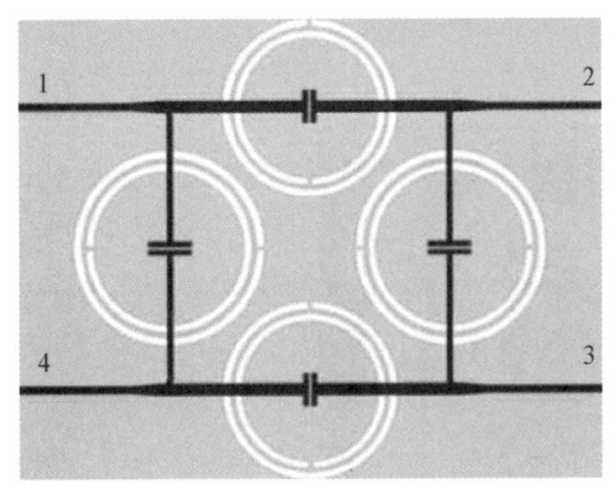

图 1－31　文献[75]报道的分支线耦合器

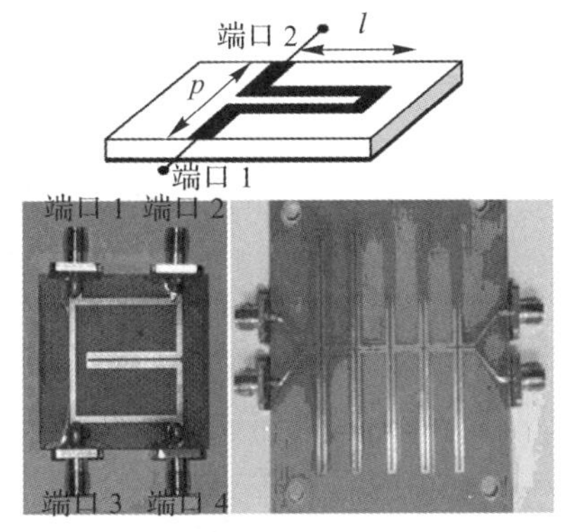

图 1－32　文献[78]报道的定向耦合器

4. 移相器

由于复合左右手传输线具有宽带移相特性，已有很多研究人员将其应用到宽带移相器的设计中[79-88]，其中许多文献将宽带移相线与功分器结合设计了宽带正交功分器和宽带威尔金森巴伦，但其实质还是宽带移相器的设计。利用复合左右手传输线设计宽带移相器大致可分为集总元件方式[79-82]和分布参数方式[83-88]。

集总元件方式：文献[79]采用集总元件的复合左右手传输线设计了宽带180°移相器，如图1-33所示，图中上面一段线是相移为+90°的复合左右手传输线，下面一段线是相移为-90°的复合左右手传输线，在1.17～2.33 GHz（相对带宽为77%）的频率范围内相位差为180°±10°；文献[80]采用共面波导多层结构设计了180°开关线移相器，如图1-34所示，在2～3.6 GHz的频率范围内相位差为180°±7°；文献[81]采用复合左右手传输线和右手传输线设计了宽带移相器，如图1-35所示，在1.24～3.58 GHz的频率范围内相位差为180°±10°；文献[82]采用集总元件的复合左右手传输线设计了宽带移相器，如图1-36所示，在0.6～1.2 GHz的频率范围内相位差为180°±9.5°。

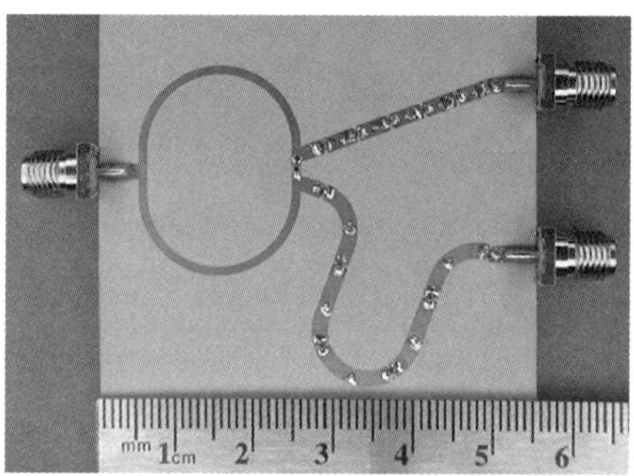

图1-33　文献[79]报道的宽带移相器

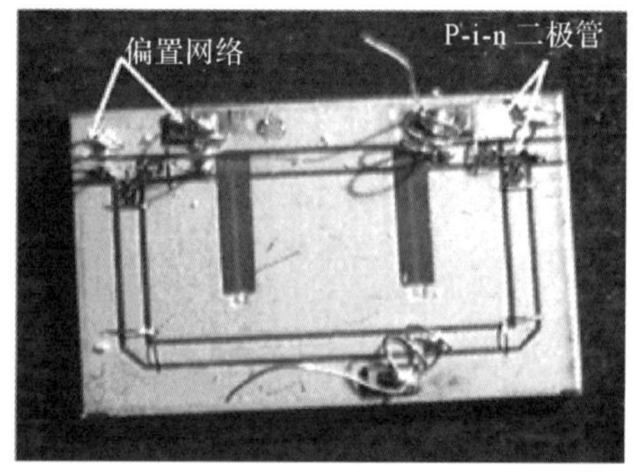

图1-34　文献[80]报道的宽带移相器

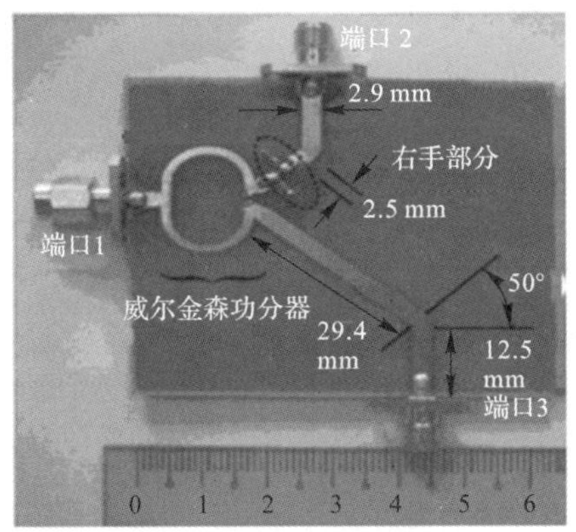

图 1-35　文献[81]报道的宽带移相器

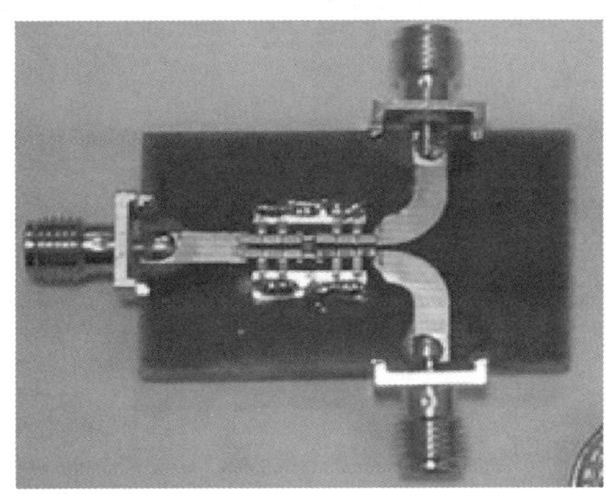

图 1-36　文献[82]报道的宽带移相器

分布参数方式：文献[83]采用分布式复合左右手传输线结合共面波导技术设计了宽带移相器，如图 1-37 所示，在 2.4～5.22 GHz 的频率范围内相位差为 180°±10°；文献[84]采用交指缝隙和接地过孔的复合左右手传输线设计了宽带 90°移相器，在 2.3～3.8 GHz 的频率范围内相位差为 90°±10°；文献[85]基于逆开环谐振器的复合左右手传输线设计了宽带移相器，如图 1-38 所示，在 1.4～2.1 GHz 的频率范围内相位差为 90°±5°；文献[86]采用交指缝隙和接地过孔的复合左右手传输线设计了宽带移相器，如图 1-39 所示，在 1.3～3.5 GHz 的频率范围内相位差为 180°±3°；文献[87]使用一对相同的基于交指缝隙和虚拟地面的复合左右手传输线，并用奇偶模的方法设计了宽带移相器，如图 1-40 所示，在 1.6～3.6 GHz 的频率范围内相位差为 180°±

3°；文献[88]采用交指缝隙和接地过孔的复合左右手传输线设计了宽带4位数字移相器。

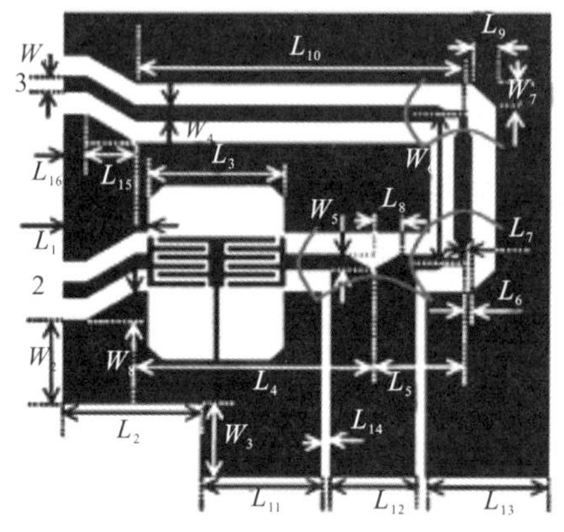

图1-37　文献[83]报道的宽带移相器

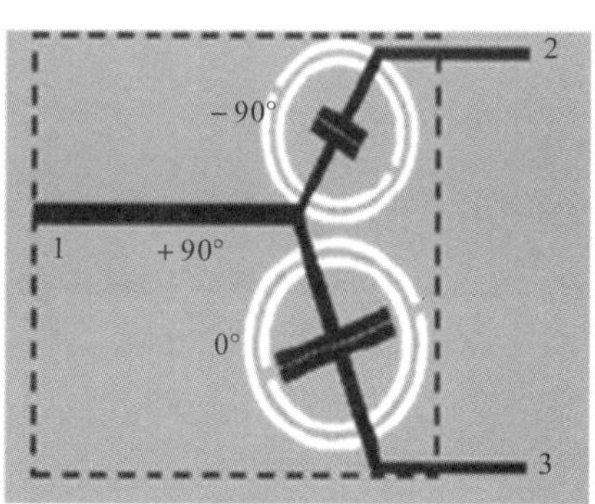

图1-38　文献[85]报道的宽带移相器

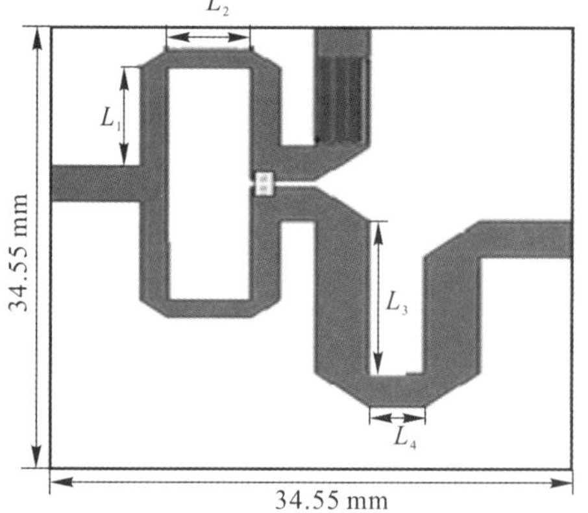

图1-39　文献[86]报道的宽带移相器

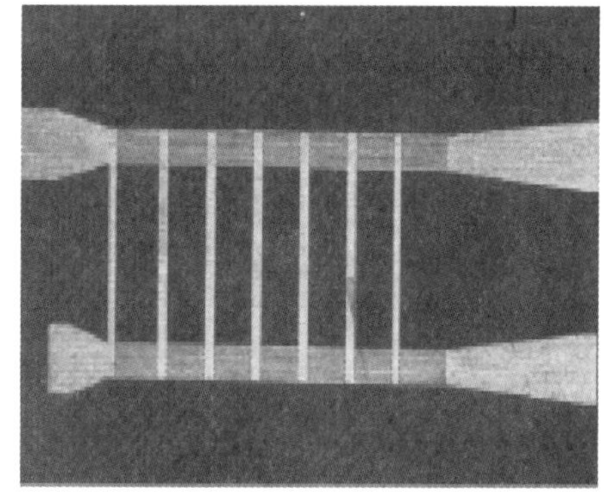

图1-40　文献[87]报道的宽带移相器

1.2.3　复合左右手传输线在天线阵列中的应用现状

目前，复合左右手传输线在天馈线系统中的应用研究主要集中在天线单元和单个微波器件上，而在天线阵列及阵列馈线系统上，相应的文献报道较少。中国科学技术大学的课题组在这方面做了大量工作。

文献[34]采用交指型复合左右手传输线设计了L波段的4×4复合左右手微带天线阵列，由于交指型复合左右手微带天线尺寸小，因此相比传统矩形微带天线在相同阵列面积下可摆放更多的复合左右手天线单元，如图1-41

所示，相同面积下，可放置均匀幅度馈电的 24 元传统微带天线阵列和 40 元小型化交指型复合左右手微带天线阵列，复合左右手微带天线阵列的增益比传统微带天线阵列提高了 3 dB；文献[89]基于复合左右手传输线移相器设计了 4 元平面串联馈电的相控阵列天线，如图 1－42 所示，以复合左右手传输线作为馈电网络的相控阵列天线可实现连续扫描，与复合左右手传输线自身作为辐射单元的漏波天线相比具有宽的扫描角度，且该相控阵列天线具有体积小、边射方向波束倾斜小、制作简单及易于集成等优势；文献[90]提出十字形复合左右手传输线单元，并将复合左右手传输线和蜿蜒线结合，补偿各输出端口由于传统右手馈线长度的不同带来的相位差，设计了工作于 X 波段等幅同相的 20 元天线阵列的串联馈电网络，如图 1－43 所示；文献[91]提出了采用复合左右手传输线馈电的新型微带阵列天线，如图 1－44 所示，该天线利用左手传输线的相位超前特性来补偿右手传输线的相位滞后，从而保证了天线单元之间的同相馈电，避免了因相位延迟而导致的天线波束偏移，并进一步提高了天线增益，与同类型天线相比，该天线具有尺寸小、频带宽和馈电网络设计简单等优点；文献[92]基于复合左右手传输线，提出了一种新型串联馈电的双线极化微带阵列天线结构，通过上层微带线边馈和下层小孔耦合馈电的方式分别实现了天线单元垂直极化和水平极化激励，进而使得该天线单元具有高极化隔离度、低交叉极化和宽频工作等优点，并利用右手微带传输线和左手微带传输线的组合以达到零相位延迟，实现了微带天线阵列的串联馈电；文献[93]利用复合左右手传输线的相位超前特性，提出了新型微波和毫米波系统天线阵列的馈电网络，如图 1－45 所示，该馈电网络可根据设计需要来调整天线阵列单元间的相位差，从而控制天线阵列辐射方向图的偏转，同时该馈电网络具有结构简单、损耗小等优点。

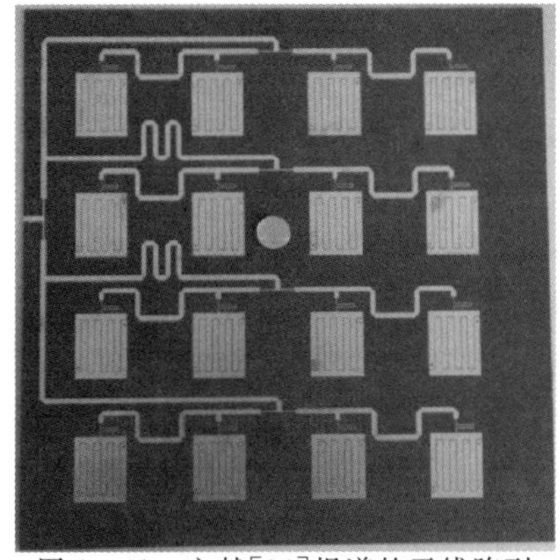
图 1－41　文献[34]报道的天线阵列

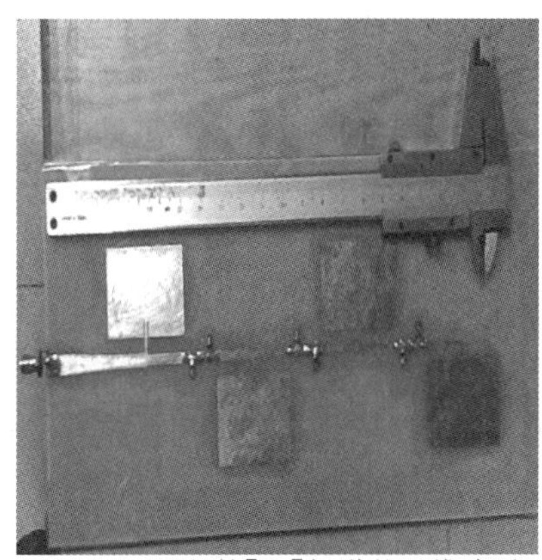
图 1－42　文献[89]报道的天线阵列

图 1-43　文献[90]报道的阵列馈线系统

图 1-44　文献[91]报道的天线阵列

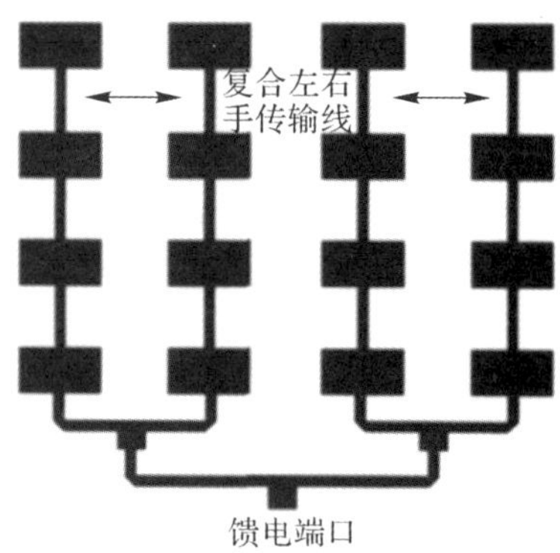

图 1-45　文献[93]报道的天线阵列

基于上述背景，本书主要包括复合左右手传输线在双频微带天线阵列、宽带圆极化天线阵列、双圆极化和差波束形成网络及小型全向圆极化天线中的应用理论和工程设计问题。

(1)提出基于交指缝隙和接地过孔的新型平面复合左右手传输线结构。通过色散曲线证明该结构为复合左右手传输线，并提出结构的等效电路模型；深入分析新型复合左右手传输线的传输特性，发现其左手通带和右手通带均单独可调，且在平衡条件下具有带通滤波特性。

(2)基于提出的复合左右手传输线设计双频微带天线阵列。利用所提出的复合左右手传输线在平衡条件下的带通滤波特性，设计新型 C 波段、X 波段的复合左右手带通滤波器及复合左右手双工器，并结合 C/X 波段的天线单元及 4 元天线子阵，设计 C/X 波段的双频微带天线阵列。

(3)根据复合左右手传输线的宽带移相特性，提出基于单一复合左右手传输线的宽带移相器设计方法。从理论上分析单一复合左右手传输线的色散特性，给出相移常数的表达式；提出利用单一复合左右手传输线的非线性相位特性实现宽带移相器的设计方法，相比基于复合左右手传输线的宽带移相器设计方法，该方法简单易行。

(4)基于提出的单一复合左右手传输线宽带移相器设计方法，设计顺序旋转馈电的宽带圆极化天线阵列。从理论上分析顺序旋转阵列中天线单元的极化特性、馈电幅度比和馈电相位差对阵列圆极化特性和增益特性的影响；根据提出的单一复合左右手传输线宽带移相器的设计方法，分别设计宽带 90°和 180°移相器，以及具有宽带相位差的 4 元顺序旋转馈电网络；结合宽带圆极化天线单元设计 4 元宽带圆极化天线阵列，相比传统 4 元天线阵列，所设计天线阵列具有更宽的轴比带宽和更高的增益。

(5)基于提出的宽带复合左右手移相器的设计方法，设计宽带双圆极化和差波束形成网络。给出并通过计算验证 8 元顺序旋转圆极化天线阵列中产生和波束与差波束的馈电相位表达式；给出实现和差波束幅相关系的和波束形成网络及差波束形成网络的拓扑结构，并详细分析其工作原理；利用提出的单一复合左右手传输线宽带移相器的设计方法分别设计宽带 45°移相器、90°移相器和 180°移相器，结合宽带三分支 3 dB 分支线耦合器和威尔金森功分器，按照和差网络的拓扑结构分别设计宽带双圆极化和波束及差波束形成网络。

(6)基于单负零阶谐振器设计了蘑菇阵列的小型全向圆极化天线。对比分析双负和单负零阶谐振天线的全向辐射特性，发现单负零阶谐振天线具有更对称的全向方向图和更低的交叉极化，且结构简单；基于单负蘑菇结构零阶谐振天线良好的全向辐射特性，通过在地板加载支节获得环向电流，在方位面实现全向圆极化辐射；所设计天线尺寸小，具有方位面内的全向辐射方向图，且具有良好的圆极化性能。

本书的具体安排如下。

第 1 章：绪论。分析复合左右手传输线的非线性色散曲线所具有的特殊的双/多频、宽带移相、小型化及零/负阶谐振特性；总结文献报道的典型复合左右手传输线结构及其在天线单元、馈线系统和天线阵列中的应用现状。

第 2 章：基于平衡复合左右手传输线的双频微带天线阵列。对双/多频天线单元及双频天线阵列的研究现状进行总结；提出一种新型复合左右手传输线结构，通过色散曲线证明其为复合左右手传输线，并提出该结构的等效电路模型；分析新型复合左右手传输线的传输特性；利用所提出的复合左右手传输线在平衡条件的带通滤波特性，设计 C 波段、X 波段的复合左右手带通滤波器及复合左右手双工器；设计 C/X 波段的天线单元及 4 元天线子阵，并结合复合左右手双工器实现 C/X 波段的双频微带天线阵列。

第 3 章：基于单一复合左右手传输线的宽带圆极化天线阵列。分析顺序旋转阵列中天线单元的极化特性、馈电幅度比和馈电相位差对阵列圆极化特性和增益特性的影响；从理论上分析单一复合左右手传输线的色散特性，给出相移常数的表达式，提出利用单一复合左右手传输线的非线性相位特性设计宽带移相器的方法；根据提出的宽带复合左右手移相器的设计方法，设计宽带 90°和 180°移相器，以及具有宽带相位差的 4 元顺序旋转馈电网络；结合宽带圆极化天线单元设计 4 元宽带圆极化天线阵列。

第 4 章：基于复合左右手移相器的双圆极化和差波束形成网络。给出并通过计算验证 8 元顺序旋转圆极化天线阵列中产生和波束与差波束的馈电相位表达式；给出实现和差波束幅相关系的和波束形成网络及差波束形成网络的拓扑结构，并详细分析其工作原理；利用提出的宽带复合左右手移相器的设计方法分别设计宽带 45°，90°和 180°移相器；结合宽带三分支 3 dB 分支线耦合器和威尔金森功分器，按照和差网络的拓扑结构分别设计宽带双圆极化和波束及差波束形成网络。

第 5 章：基于单负零阶谐振器的小型全向圆极化天线。对全向圆极化天线的实现方法进行分类，并对每类方法的相应文献进行总结；对比分析双负和单负蘑菇阵列零阶谐振天线的辐射特性；通过在单负蘑菇阵列零阶谐振天线的地板加载环形支节设计全向圆极化天线。

第 6 章：结束语。对复合左右手传输线在双频微带天线阵列、宽带圆极化天线阵列、圆极化单脉冲天线阵列、全向圆极化天线阵列和相控阵列天馈线系统中的应用以及基于分形几何的复合左右手传输线在天馈线系统中的应用进行展望。

第2章　基于平衡复合左右手传输线的双频微带天线阵列

天线是发射和接收电磁波的设备，处于微波无线通信和探测系统的最前端，其性能对整个系统具有非常重要的影响。随着科学技术的飞速发展，现代社会对信息的需求量越来越大，这直接推动了通信系统向宽带化发展。一方面，随着电子技术的发展和宽带通信设备的出现，宽带天线以及天线的宽频技术也在不断地发展。另一方面，为扩大系统容量或实现多模通信，实际的通信系统往往工作在两个或多个频点上，在不便安装两副或多副天线的情况下，双/多频天线就应运而生了[94]。

所谓双/多频天线是指在两个或两个以上不同的频段各项性能均能满足系统要求的天线，具体指标包括驻波比、增益、方向图和效率等。实际上，大部分宽带天线与多频天线本质上没有太大区别，当天线的多个谐振频率发生融合时就被认为是宽带天线；反之，各谐振频率相距较远时，就构成了双/多频天线。相对于宽带天线，使用双/多频天线的优点之一是在一定程度上能够抑制通带间其他频率的干扰。

双频天线单元的增益一般较低，在对天线增益要求较高时，就需要采用双频天线阵列。不同于以往双频天线阵列的设计方法，本章采用新型的平衡复合左右手传输线结构作为馈电网络设计了工作于C/X波段的微带天线阵列。首先，对双/多频天线单元及双频天线阵列的研究现状进行总结，比较不同方法的优劣；其次，提出一种新型平面复合左右手传输线结构，由色散曲线证明该结构为复合左右手传输线，提出该结构的等效电路模型，并深入分析复合左右手传输线的传输特性，发现其左手通带和右手通带均单独可调，且在平衡条件下具有带通滤波特性，在非平衡条件下具有双频滤波特性；再次，利用所提出的复合左右手传输线单元在平衡条件下良好的带通滤波特性，分别设计工作于C波段、X波段的复合左右手带通滤波器，并基于这两个带通滤波器设计复合左右手双工器；最后，分别设计工作于C/X波段的微带天线单元和天线子阵，结合所设计的复合左右手双工器设计双频微带天线阵列。

2.1 双频天线的研究现状

早期简单的无线通信系统一般都工作在某一个频段,但随着通信技术的发展,系统需要工作在不同的频段,如典型的无线局域网通信系统,需要在2.4 GHz和5.5 GHz两个频率工作。当两个或多个频段相距较近时,可采用宽带天线或超宽带天线来覆盖这些频段,而当频段相距较远时,宽带天线或超宽带天线的设计难度将会增加;同时,设备的小型化和低成本化要求双/多频系统有时只能使用一个天线,因此需要设计双/多频天线[94]。双/多频天线的最大优点在于可同时实现两个或多个天线的工作性能。在设计双/多频天线时,有些天线在不同的频段上只有部分指标满足系统要求,此时天线还不是真正意义上的双/多频天线,实现两个/多个频段上性能最优是双/多频天线设计的重点和难点[95]。

本节将对已报道的双/多频天线单元和双频天线阵列的实现方式进行总结,并对比不同方法的优缺点,为本章基于复合左右手传输线结构的双频天线阵列的设计提供指导。

2.1.1 双/多频天线单元的研究现状

在双/多频天线单元的研究方面,研究人员提出了多种实现方法,概括起来主要有支节法[96-100]、槽缝加载法[101-103]、短路法[104-106]和寄生贴片法[107-108]等传统实现方法以及复合左右手传输线[36-45]等新型实现方法,其中基于复合左右手传输线的双/多频天线见1.2.1节。

支节法是一种比较直观的方法,相当于多个天线合在一起并由一个端口馈电,运用这种方法较多的是印刷单极天线。文献[96]设计了工作于无线局域网的双频印刷单极天线,两个单极分别工作于不同的频段,并与共面波导的中心导带相连进行馈电,如图2-1所示;文献[97]设计了一个双T形的双频印刷单极天线,如图2-2所示,开始两个单极共用一段微带线,然后根据长度的不同分开。其他字母形结构如G形、L形及F形等[98-100]都可实现双频工作。

槽缝加载法是将天线表面的部分金属挖去,改变天线的表面电流分布,引入新的谐振,从而实现天线的双/多频工作,这种方法在微带天线中的应用比较多。图2-3所示为一个双槽矩形微带天线,通过调节两个槽的长度可在一定范围改变两个工作模式的谐振频率[101];图2-4所示为一个双频矩形微带天线，通过在贴片的一边切一个 π 形槽，可在 TM_{10} 模和 TM_{20} 模之间引入一个新的模式，从而实现双频特性[102]。

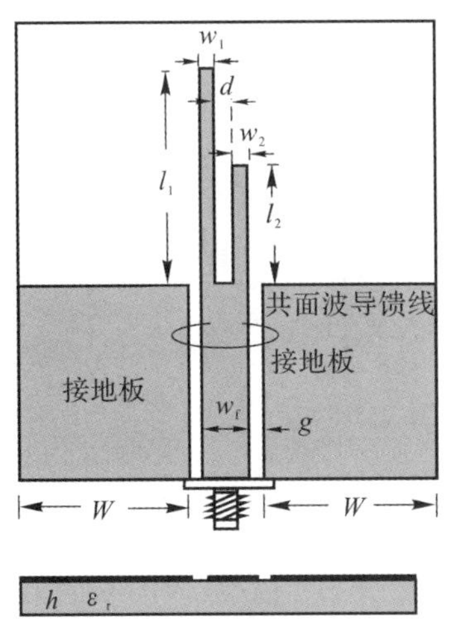

图 2-1　文献[96]报道的双频天线

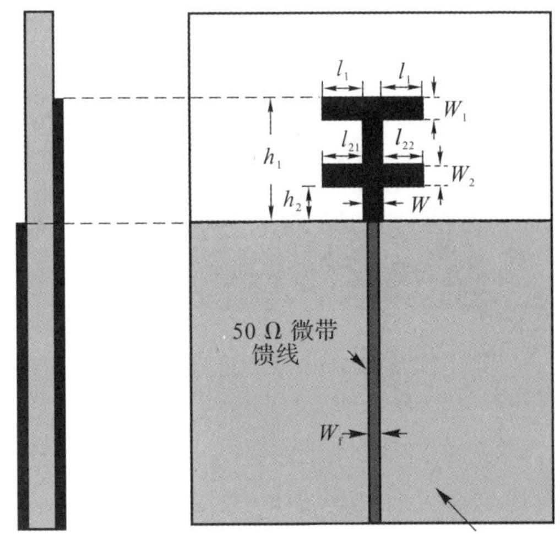

图 2-2　文献[97]报道的双频天线

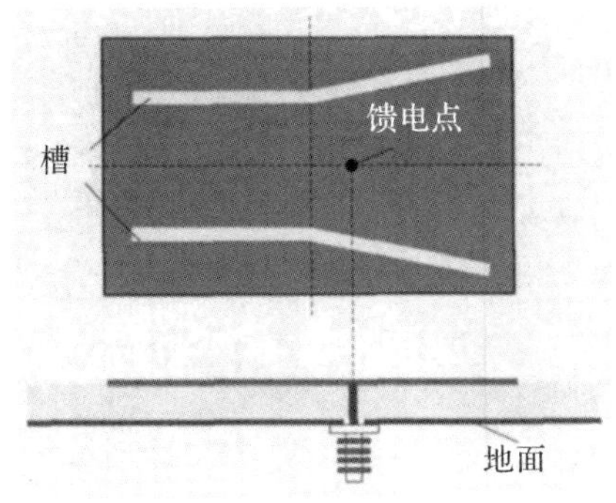

图 2-3　文献[101]报道的双频天线

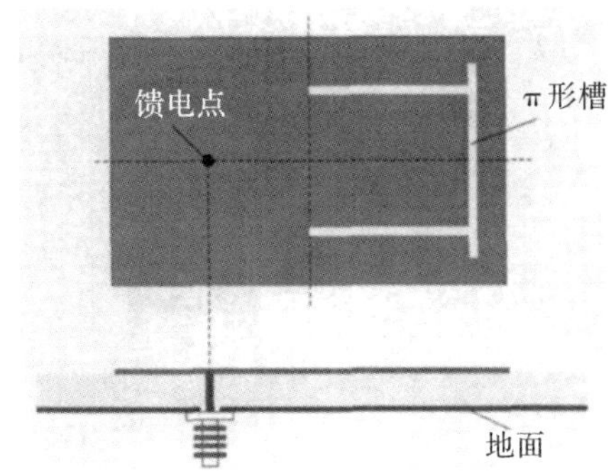

图 2-4　文献[102]报道的双频天线

短路法的基本原理与槽缝加载法相似，在微带贴片的某一处或多处用探针进行短路，目的在于改变基模或高次模的谐振频率，从而实现双/多频工作。图 2-5 所示为一矩形双频微带天线，其短路探针的位置与馈电点的位置在同一对称轴上，通过调节短路探针的水平位置就可在一定范围改变两个频率的比值[104]。

寄生贴片法是在微带贴片的上面或四周添加一个或多个寄生贴片，由寄生贴片产生一个或多个新的谐振，从而实现双/多频工作。图 2-6 所示为一方形微带贴片天线，在其四周添加分形结构的寄生贴片，该天线可同时工作于多个频段[107]。寄生贴片法的缺点是会使天线结构变复杂。

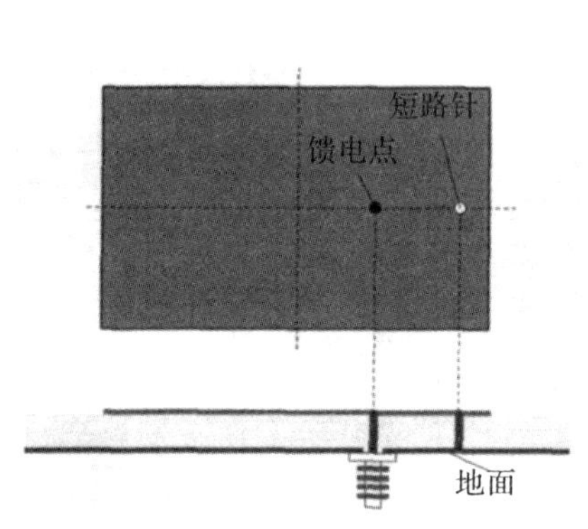

图 2-5　文献[104]报道的双频天线

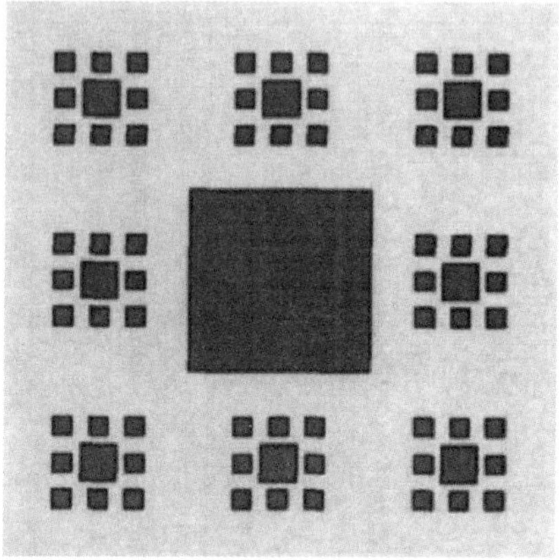

图 2-6　文献[107]报道的多频天线

比较上述方法，支节法和槽缝加载法的应用相对广泛，有时也将这些方法混合使用，如支节法与短路法相结合以及槽缝加载法与短路法相结合[109-111]。

2.1.2　双频天线阵列的研究现状

双频天线单元的增益一般较低，在对天线增益要求较高的场合，就需要双频天线阵列。目前，实现双频天线阵列主要有两种方式：一种是双频天线单元组成双频天线阵列[104,112-114]，另一种是两种单频天线单元组合形成的复合双频天线阵列[115-117]。

双频天线单元组成的双频阵列就是以同时谐振在两个频段的单元组成双频天线阵列。双频天线单元的实现方式参见 1.2.1 节及 2.1.1 节，文献[112]报道的双频天线阵列如图 2-7 所示。这种阵列的优点是天线整体结构简单，阵列尺寸和质量相对较轻，对于星载雷达等对天线物体特性要求严格的场合非常有利。文献[113]采用这种方式设计了毫米波双频天线阵列，如图 2-8 所示，采用一种加载凹槽的中心馈电方式进行馈电，调节凹槽可实现良好的匹配，并且加载凹槽的中心馈电等效为在微带贴片加载了一个电抗，从而实现了天线的双频特性。

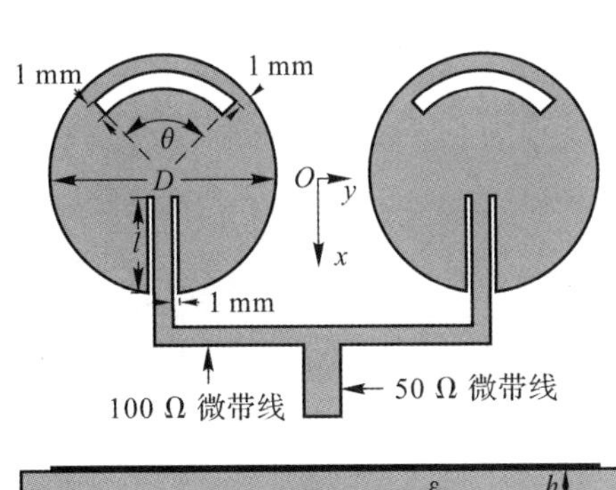

图 2-7　文献[112]报道的双频天线阵列

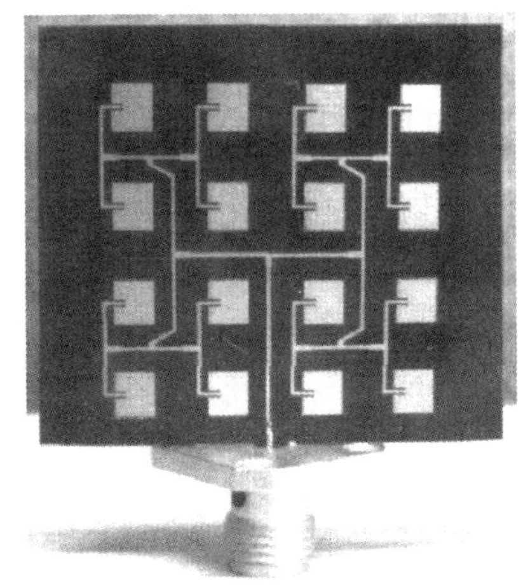

图 2-8　文献[113]报道的双频天线阵列

但这种实现方式有一个很明显的缺点，就是无法实现频率比较大的双频天线阵列。因为单元在组阵时，需要满足一定的技术指标，如方向性指标等，同时要考虑单元间的互耦和栅瓣效应，一般单元间距为 0.5λ_0～1λ_0，如果要实现的频率比太大，将使两个天线单元的间距不能同时满足要求，造成互耦过大和栅瓣效应等，天线性能会严重降低甚至无法正常工作。因此，这种由双频天线单元实现双频天线阵列的方法比较适合频比较小的情况。

复合双频阵列是由分别工作在两个不同频段的天线单元按照一定的结构组合而成的双频天线阵列。这种方法能够应用于较大的频比范围，另外各频段的天线单元可分别设计，单元形式可任意选择，大大增加了设计灵活性。且方便各种新技术的应用，如宽频技术、双极化和圆极化技术等，使设计出的天线阵列具有更高的带宽、更好的隔离度及能工作于不同极化模式。

复合双频阵列又可分为两种方式：一种是双频共口面方式，即两个频段共用同一个孔径[115-118]；另一种是双频非共口面方式，即两不同频率单元分别形成自己的天线系统，并分别占用一定的口面[119-120]。

在双频共口面天线阵列的研究方面：文献[115]采用两个矩形贴片和一个 S 形贴片作为辐射单元，实现了三频工作，如图 2-9 所示，该天线是两层结构，辐射单元在上层，馈电网络在下层，其中一个贴片采用 S 形是为了增加带宽，但实验结果表明在 5.8 GHz 由于栅瓣的影响，辐射方向图恶化较严重；文献[116]采用嵌套方法设计了工作于 2.4 GHz 和 5.8 GHz 的双频天线阵列，如图 2-10 所示，其中 2.4 GHz 阵列由 4×4 个矩形贴片并联而成，5.8 GHz

阵列由 8×8 个双面印刷偶极子混合馈电而成。

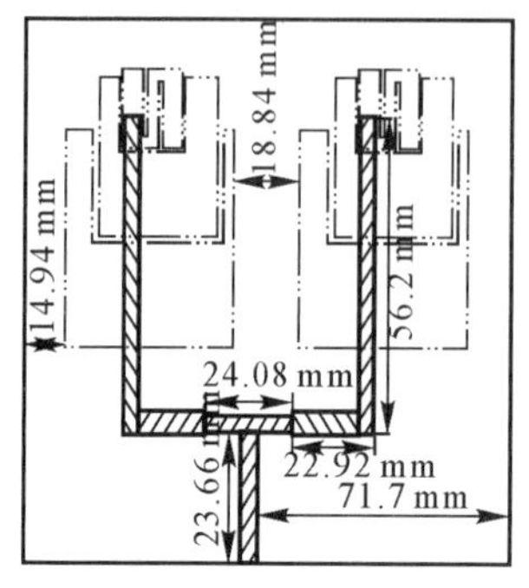

图 2-9　文献[115]报道的双频天线阵列

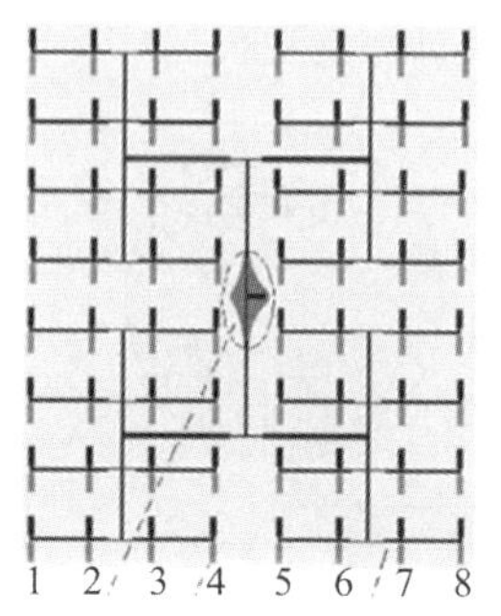

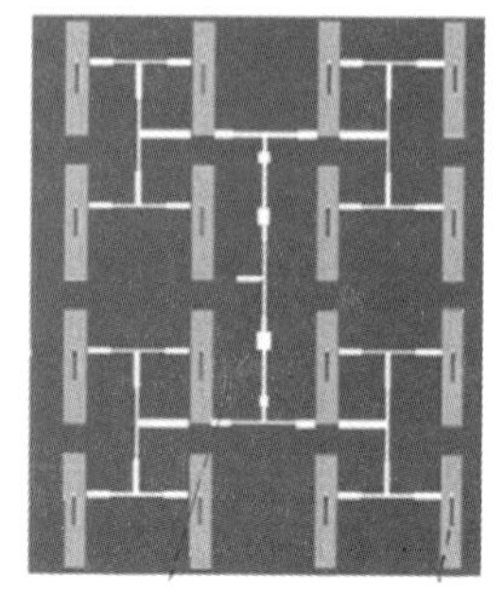

图 2-10　文献[116]报道的双频天线阵列

在双频非共口面方式的研究方面：文献[120]采用三种不同的电磁带隙(Electromagnetic Bandgap,EBG)结构设计了单端口馈电的工作于 2.4 GHz 和 5.8 GHz 的双频天线阵列，如图 2-11 所示，左边为天线结构，右边为电磁带隙结构，利用电磁带隙的频率带隙特性消除两个频带之间的干扰，在 2.4 GHz贴片的馈线上加载电磁带隙结构将 5.8 GHz 的能量抑制掉，在 5.8 GHz贴片的馈线上加载电磁带隙结构将 2.4 GHz 的能量抑制掉。

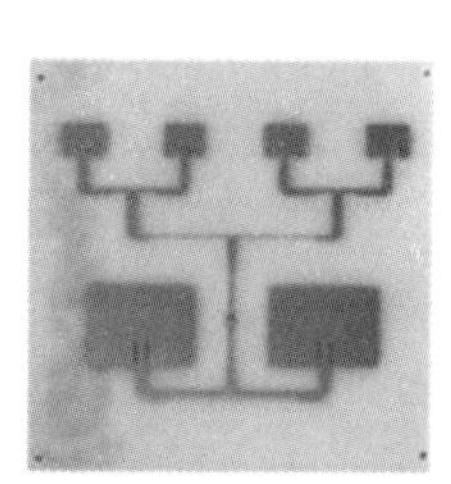

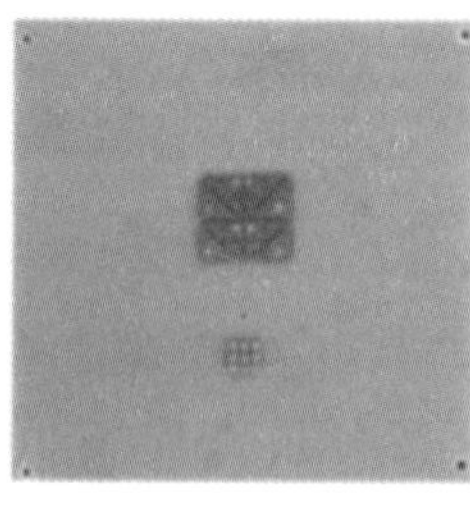
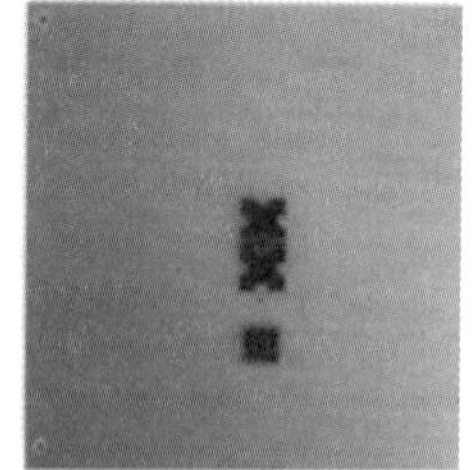

图 2-11　文献[120]设计的双频天线阵列

还有研究人员采用特殊的方法设计双频天线阵列，如文献[121]采用悬置贴片设计了平面双频天线阵列，采用悬置贴片是为增加带宽和降低损耗，如图 2－12 所示，该天线采用单馈电点串馈方式，由 2×2 个 2.4 GHz 的贴片和 4×2 个 5.5 GHz 的贴片组成。其工作原理是，设计在 2.4 GHz 有能量通过而在 5.5 GHz没有能量通过的滤波器，所通过的 2.4 GHz 的能量在 2.4 GHz 的贴片辐射，而未通过的 5.5 GHz 的能量在滤波器的 5.5 GHz 谐振器上辐射，从而实现双频工作。

通过对已有文献的总结，发现在双频天线阵列方面的研究成果较少，能查到的文献不多，并且没有发现利用复合左右手传输线来设计双频天线阵列的文献报道。本章采用一种新型复合左右手传输线来设计工作于 C/X 波段的复合左右手双工器，并将其应用于馈电网络，设计了性能良好的双频天线阵列。按照分类，所设计的双频天线阵列属于复合双频阵列方式中的非共口面类型。

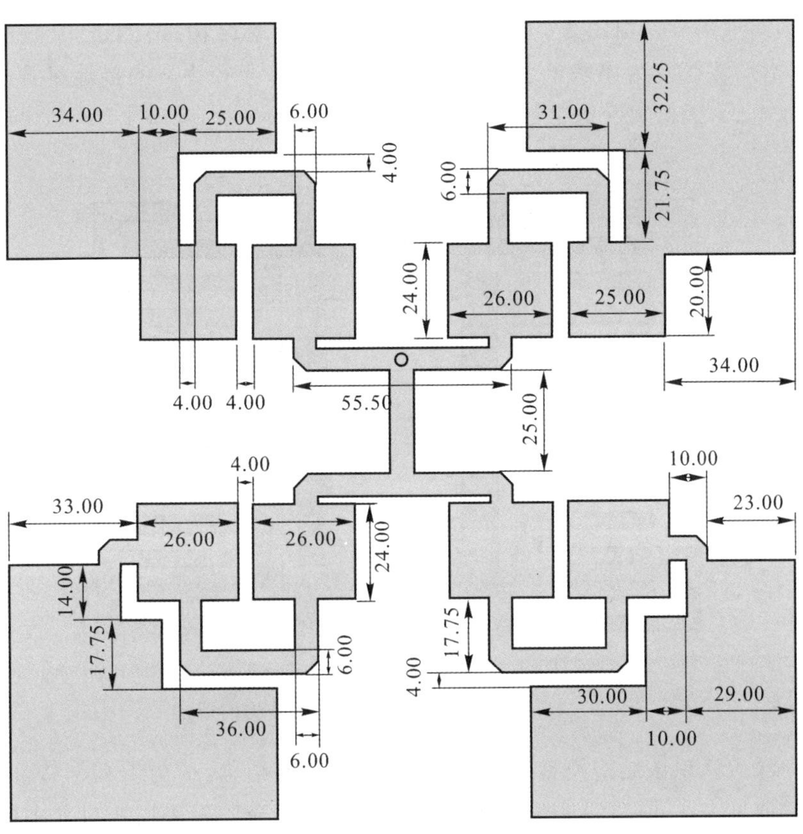

图 2－12　文献[121]设计的双频天线阵列(单位:mm)

2.2 新型复合左右手传输线

根据对复合左右手传输线实现方式的总结和分析，本节提出一种基于交指缝隙和接地过孔的新型平面复合左右手传输线结构。交指缝隙等效为串联电容，提供负磁导率效应，接地过孔等效为并联电感，提供负介电常数效应；分析所提出结构的基本特性，通过色散曲线证明该结构为复合左右手传输线，并提出该结构的等效电路模型。

2.2.1 结构模型

新型复合左右手传输线结构模型如图 2-13 所示，深色部分为金属导体，白色为腐蚀部分。由图 2-13 可看出，该结构为对称结构，两侧是 50 Ω 微带线，交指缝隙等效为串联电容，提供负磁导率效应；半径为 r 的接地过孔等效为并联电感，提供负介电常数效应。

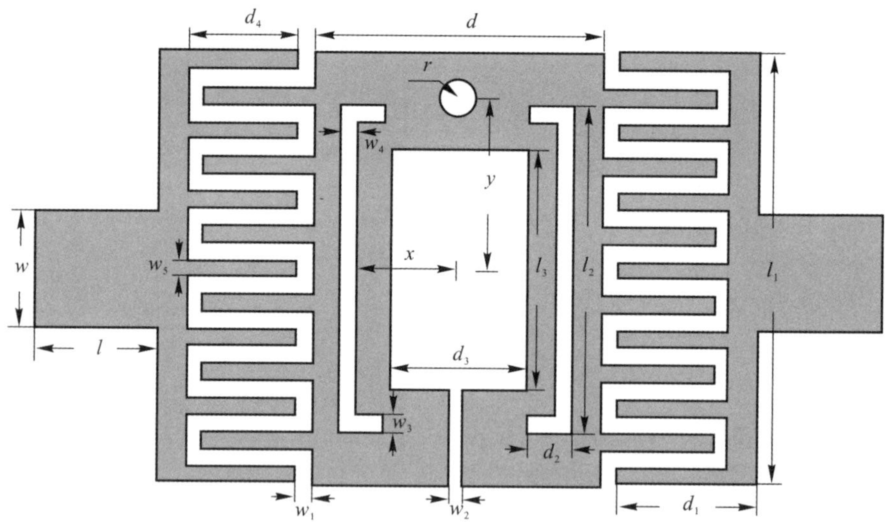

图 2-13 新型复合左右手传输线结构模型

为深入认识该结构模型，给定两组不同参数的结构：结构Ⅰ和结构Ⅱ，具体参数值见表 2-1，两个结构的交指个数均为 13，介质板采用相对介电常数为 2.65，厚度为 1.5 mm 的聚四氟乙烯玻璃布板。对加载新结构的微带线进行仿真计算，得到 ***S*** 参数结果如图 2-14 所示，***S*** 参数曲线有两个反射零点和两个传输零点，在结构Ⅰ的结果中，两个反射零点靠的很近，分别为3.44 GHz和3.60 GHz，具有带通滤波器的效应；在结构Ⅱ的结果中，这两个反射零点分离，分别位于3.68 GHz和4.88 GHz，具有双通带滤波器的效应。

表2-1　结构Ⅰ和结构Ⅱ的数值　　单位：mm

	w	l	d	l_1	d_1	l_2	d_2	l_3	d_3
结构Ⅰ	4.1	1	6.1	9	1.85	7	1.8	6	3.1
结构Ⅱ	4.1	1	5.6	9	1.85	7	1.55	2.5	1
	d_4	w_1	w_2	w_3	w_4	w_5	r	x	y
结构Ⅰ	1.45	0.2	0.3	0.5	0.5	0.2	0.5	2.3	4.75
结构Ⅱ	1.45	0.2	0.25	3.25	0.5	0.2	0.5	1.65	4.25

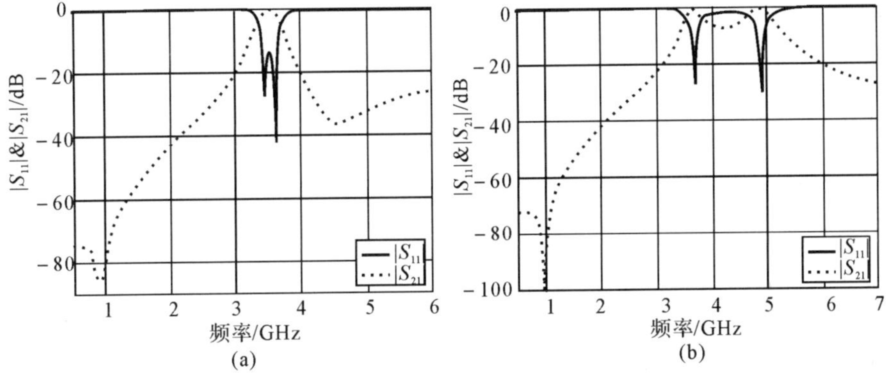

图2-14　***S*参数仿真结果**

(a)结构Ⅰ；(b)结构Ⅱ

为进一步分析该结构的性质，在结构Ⅰ和结构Ⅱ中保持其他参数不变，当去掉接地过孔时得到的***S***参数仿真结果如图2-15所示。由图2-15可以看出，两组参数结果中$|S_{11}|$曲线均只有一个反射零点，$|S_{21}|$曲线也只有一个传输零点。在图2-15(a)所示结构Ⅰ的结果中，反射零点位于3.66 GHz，这与图2-14(a)中第2个频点几乎位于同一位置，即去掉接地过孔后，一个频点不变而另一个频点消失了，因此初步推测第1个频点是由接地过孔和交指缝隙产生的左手通带，第2个频点是由腐蚀缝隙产生的谐振回路，为右手通带，由复合左右手传输线理论可知，这里的左手通带和右手通带靠的很近，形成了复合左右手传输线平衡结构；在图2-15(b)所示结构Ⅱ的结果中，反射零点位于4.85 GHz，这与图2-14(b)中第2个频点几乎位于同一位置，此时左手

通带和右手通带分离，形成了复合左右手传输线非平衡结构。

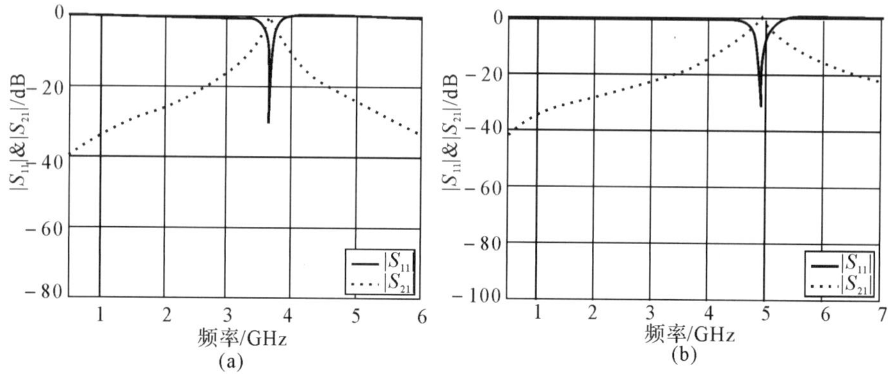

图 2－15 去接地过孔后 ***S*** 参数仿真结果

(a)结构Ⅰ；(b)结构Ⅱ

2.2.2 色散曲线

2.2.1 节通过两组参数结构的仿真对比，初步推测该结构为复合左右手传输线结构，具体的判断标准是色散曲线。根据色散曲线的仿真方法[122]，在结构Ⅰ和结构Ⅱ的情况下，其色散曲线分别如图 2－16(a)(b)所示。

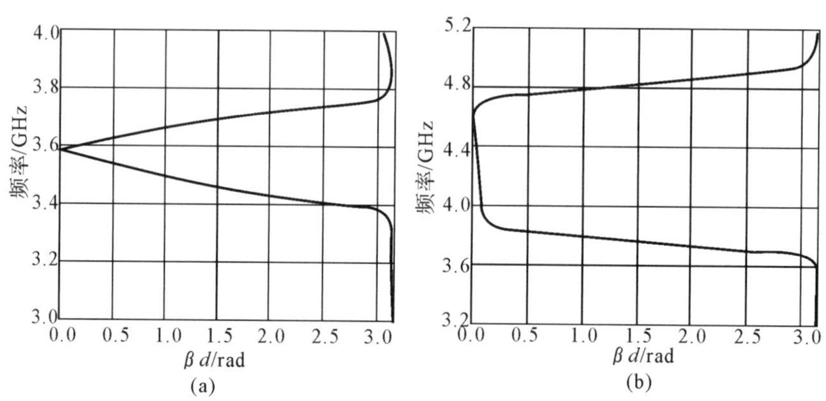

图 2－16 色散曲线仿真结果

(a)结构Ⅰ；(b)结构Ⅱ

图 2－16 所示的色散曲线与图 1－4(c)非常相似，由图 2－16(a)结构Ⅰ的结果可看出，在 3.58 GHz 附近，相位常数为零，且不存在阻带，表明此时的结构是复合左右手传输线结构，并且是平衡结构，在 3.58 GHz 处复合左右手传

输线结构由左手传输通带向右手传输通带过渡；由图 2-16(b)结构Ⅱ的结果可看出，在小于 3.9 GHz 的频带范围表现为左手传输特性，而在大于 4.7 GHz的频率范围表现为右手传输特性，在 3.9～4.7 GHz 之间，β 为虚数，出现了一段阻带，表明此时所提结构是复合左右手传输线结构，并且是非平衡结构。

2.2.3　等效电路模型

2.2.2 节通过色散曲线证明了所提结构为复合左右手传输线结构，并且在结构Ⅰ和结构Ⅱ时分别为平衡结构和非平衡结构。在此基础上，笔者提出复合左右手传输线的等效电路模型，如图 2-17 所示，并在平衡条件和非平衡条件下分别提取等效电路的参数值。

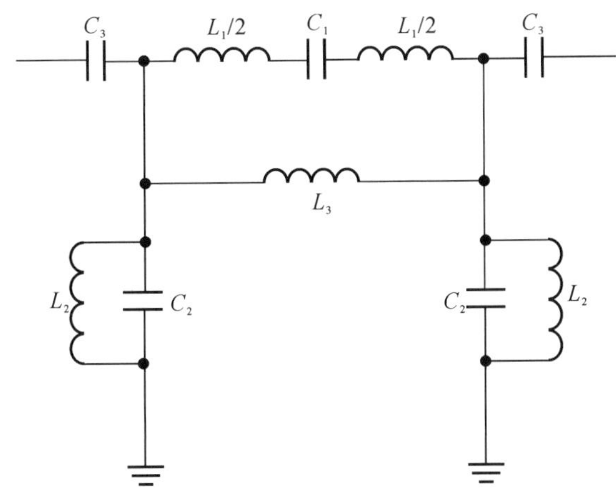

图 2-17　等效电路模型

利用电路仿真软件 Serenade 中的优化拟合工具提取等效电路模型中各元件的参数值，见表 2-2。

表 2-2　等效电路模型的提取参数

	C_1/pF	C_2/pF	C_3/pF	L_1/nH	L_2/nH	L_3/nH
结构Ⅰ	0.72	2.57	0.45	26.32	0.75	14.88
结构Ⅱ	1.51	1.03	0.24	12.14	1.50	5.90

将仿真得到的 ***S*** 参数结果与等效电路模型得到的 ***S*** 参数结果进行对比，如图 2-18 所示。由图 2-18 可看出，由等效电路模型得到的 ***S*** 参数和仿真得到的 ***S*** 参数趋势一致，证明了所提等效电路模型的正确性。

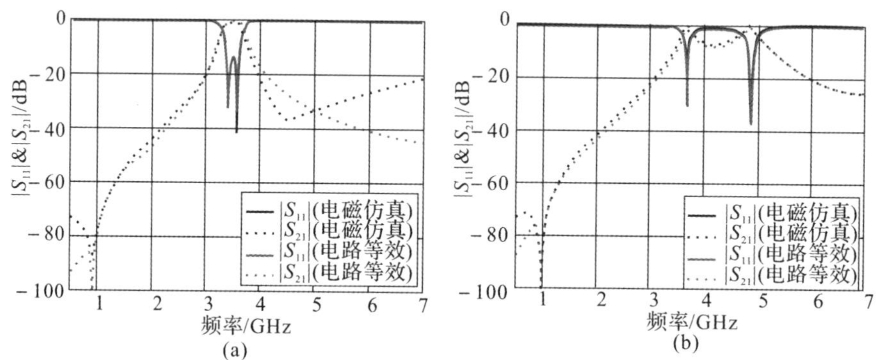

图 2-18　**S** 参数的仿真结果和等效电路模型结果

(a)结构Ⅰ;(b)结构Ⅱ

2.3　复合左右手传输线传输特性分析

为了对新型复合左右手传输线结构有更全面的认识,本节深入分析了所提出的新型复合左右手传输线结构的传输特性,主要讨论了结构主要参数的变化对其传输特性的影响。为了仿真及分析的方便,保持以下参数固定:$l=10$ mm,$w=4.1$ mm,$d=6.28$ mm,$d_1=1.8$ mm,$w_1=0.2$ mm,$w_2=0.2$ mm,$w_3=0.2$ mm,$w_4=0.2$ mm,$w_5=0.2$ mm,$r=0.5$ mm。只改变参量 l_1,l_2,d_2,l_3,d_3,x,y 的数值。首先给定一组基准参数:$l_1=9$ mm,$l_2=7.2$ mm,$d_2=1.4$ mm,$l_3=4.8$ mm,$d_3=4$ mm,$x=2.4$ mm,$y=4.5$ mm,当其中一个参数变化时,其他参数均保持不变。

(1)单元的高度。单元的高度由 l_1 表示,l_1 依次取值($l_1=8.0$ mm,8.5 mm,9.0 mm,9.5 mm,10 mm),可得到 **S** 参数随 l_1 变化的曲线,如图 2-19 所示。由图 2-19 可以看出,$|S_{11}|$ 曲线有两个反射零点,随着 l_1 的增加,低端反射零点和高端反射零点均下移,并且两个反射零点逐渐靠拢,可见增大 l_1 可以有效降低反射零点的位置;$|S_{21}|$ 曲线有两个传输零点,随着 l_1 的增加,低端传输零点变化不大,而高端传输零点逐渐下移,可见 l_1 主要影响高端传输零点,并且随着 l_1 的增加,通带宽度逐渐变窄。

(2)U 形槽的底部长度。U 形槽的底部长度由 l_2 表示,保持其余参数不变,l_2 依次取值($l_2=6.0$ mm,6.5 mm,7.0 mm,7.5 mm,8.0 mm),得到 **S** 参数随 l_2 变化的曲线,如图 2-20 所示。由图 2-20 可以看出,$|S_{11}|$ 曲线有两个反射零点,随着 l_2 的增加,低端反射零点几乎没有变化,而高端反射零点逐

渐下移，可见 l_2 主要影响高端反射零点；| S_{21} | 曲线有两个传输零点，随着 l_2 的增加，低端传输零点几乎没有变化，而高端传输零点逐渐下移。

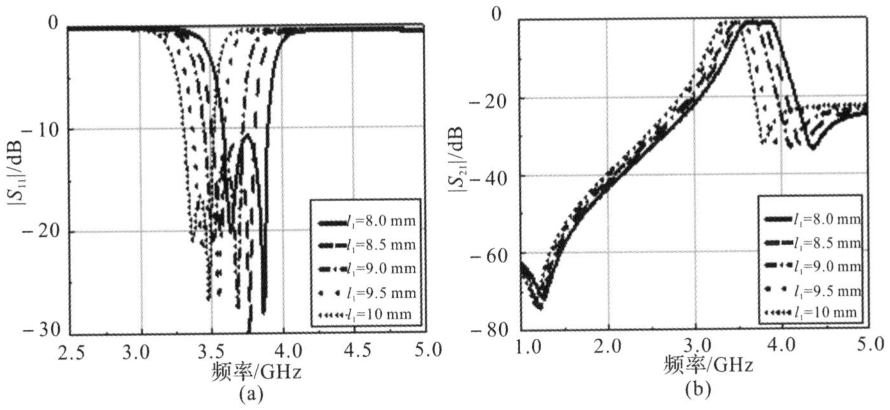

图 2-19　单元高度 l_1 的变化对 **S** 参数的影响

(a) | S_{11} | ；(b) | S_{21} |

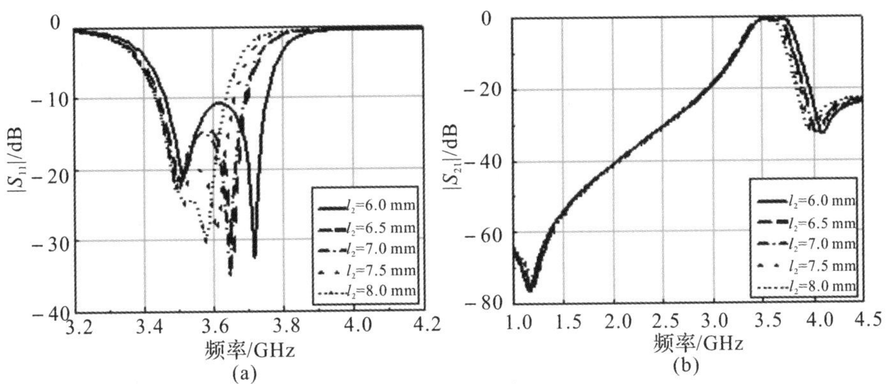

图 2-20　U 形槽底部长度 l_2 的变化对 **S** 参数的影响

(a) | S_{11} | ；(b) | S_{21} |

(3)U 形槽的侧边长度。U 形槽的侧边长度由 d_2 表示，保持其余参数不变，d_2 依次取值(d_2=0.8 mm，1.1 mm，1.4 mm，1.7 mm，2.0 mm)，得到 **S** 参数随 d_2 变化的曲线，如图 2-21 所示。由图 2-21 可以看出，| S_{11} | 曲线有两个反射零点，随着 d_2 的增加，高端反射零点先上移后下移，而低端反射零点变化不大，可见 d_2 主要影响高端反射零点；| S_{21} | 曲线有两个传输零点，随着 d_2 的增加，高端传输零点先上移后下移，而低端传输零点变化不大，可见 d_2 主要

影响高端传输零点。

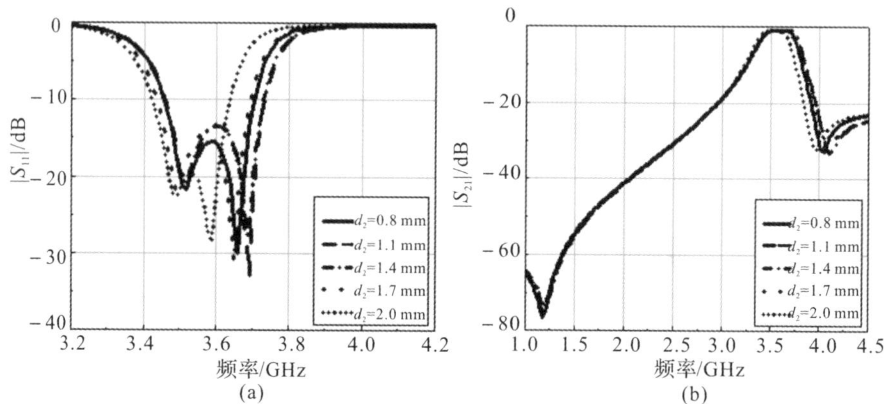

图 2-21 U 形槽侧边高度 d_2 的变化对 **S** 参数的影响

(a) $|S_{11}|$；(b) $|S_{21}|$

(4)矩形缝隙的长度。单元中心矩形缝隙的长度由 l_3 表示，保持其余参数不变，l_3 依次取值(l_3＝4.0 mm，4.5 mm，5.0 mm，5.5 mm，6.0 mm)，得到 **S** 参数随 l_3 变化的曲线，如图 2-22 所示。由图 2-22 可看出，$|S_{11}|$ 曲线有两个反射零点，随着 l_3 的增加，高端反射零点下移，而低端反射零点变化不大，可见 l_3 的变化主要影响高端反射零点；$|S_{21}|$ 曲线有两个传输零点，随着 l_3 的增加，高端传输零点下移，而低端传输零点变化不大，可见 l_3 的变化主要影响高端传输零点。

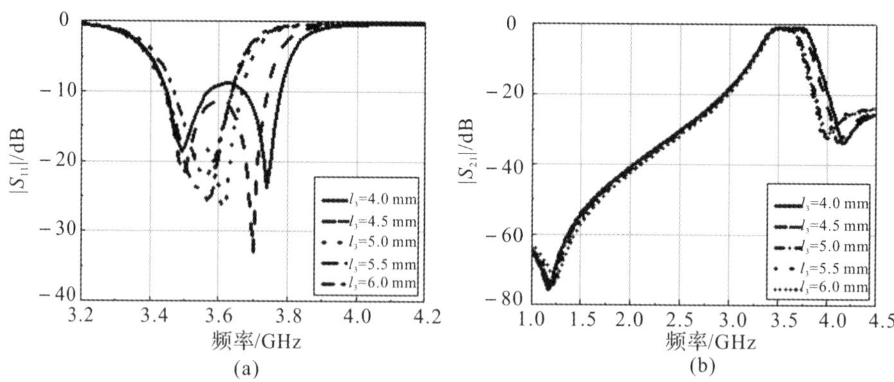

图 2-22 矩形缝隙长度 l_3 的变化对 **S** 参数的影响

(a) $|S_{11}|$；(b) $|S_{21}|$

(5)矩形缝隙的宽度。单元中心矩形缝隙的宽度由 d_3 表示，d_3 依次取值

(d_3=2.0 mm,2.5 mm,3.0 mm,3.5 mm,4.0 mm),得到 **S** 参数随 d_3 变化的曲线,如图 2-23 所示。由图 2-23 可以看出,随着 d_3 的增加,高端反射零点下移,而低端反射零点变化不大,可见 d_3 主要影响高端反射零点;随着 d_3 的增加,高端传输零点下移,而低端传输零点变化不大,可见 d_3 主要影响高端传输零点。总的来说,d_3 主要影响高端反射零点和高端传输零点。

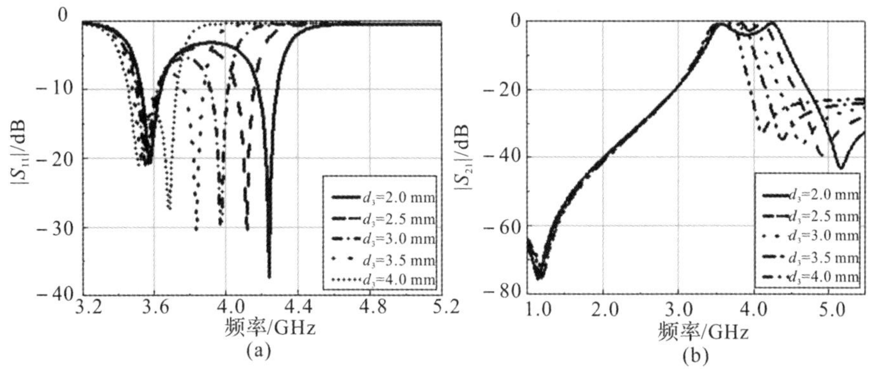

图 2-23　矩形缝隙宽度 d_3 的变化对 **S** 参数的影响

(a) $|S_{11}|$;(b) $|S_{21}|$

(6)U 形槽距中心的距离。U 形槽距单元中心的距离由 x 表示,x 依次取值(x=2.2 mm,2.4 mm,2.6 mm,2.8 mm,3.0 mm),得到 **S** 参数随 x 变化的曲线,如图 2-24 所示。由图 2-24 可知,随着 x 的增加,高端反射零点先上移后下移,低端反射零点变化不大,可见 x 主要影响高端反射零点;随着 x 的增加,高端传输零点先上移后下移,而低端传输零点变化不大,可见 x 的变化主要影响高端传输零点。

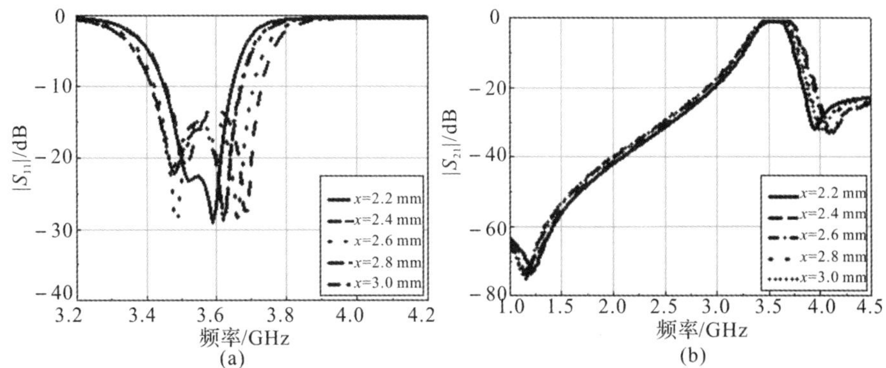

图 2-24　U 形槽距中心距离 x 的变化对 **S** 参数的影响

(a) $|S_{11}|$;(b) $|S_{21}|$

(7)接地过孔距中心的距离。接地过孔距结构单元中心的距离由 y 表示，y 依次取值(y=4.1 mm,4.3 mm,4.5 mm,4.7 mm,4.9 mm)，得到 **S** 参数随 y 变化的曲线，如图 2-25 所示。由图 2-25 可以看出，随着 y 的增加，低端反射零点下降，而高端反射零点上移，但低端下降更为明显，可见 y 主要影响低端反射零点；随着 y 的增加，高端传输零点上移，而低端传输零点下移。并且，随着 y 的增加通带宽度逐渐增加。

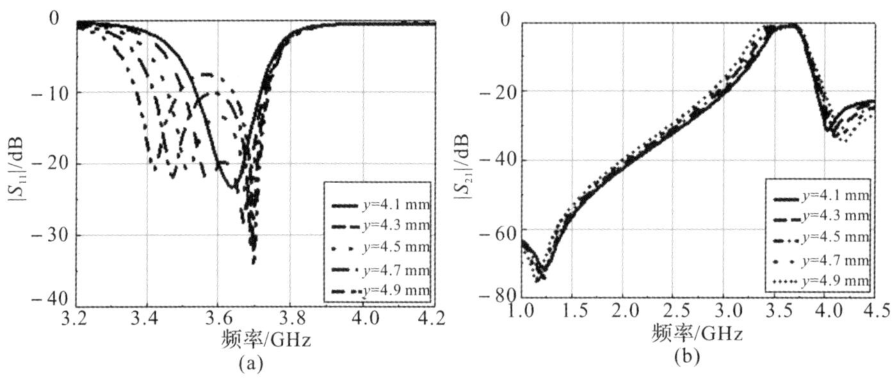

图 2-25　接地过孔距中心距离 y 的变化对 **S** 参数的影响

(a) $|S_{11}|$；(b) $|S_{21}|$

由各参数的影响可以看出，参数 l_1 的增大可使左手通带和右手通带下降，因此可主要通过 l_1 的变化确定左手通带和右手通带的位置；l_2，d_2，l_3，d_3 对左手通带影响很小，而对右手通带影响很明显，因此可通过调节这 4 个参数改变右手通带的位置；参数 y 主要影响左手通带，而对右手通带影响不大，所以可调节 y 的值改变左手通带的位置。本节深入分析了新型复合左右手结构的传输特性，发现其左手通带和右手通带均单独可调，且在平衡条件下具有良好的带通滤波特性，在非平衡条件下具有双频滤波特性。

2.4　复合左右手双工器设计

双工器是现代微波电路系统中的重要元件。目前，文献报道了各种实现方式的双工器和三工器[123-128]，其中最简单且最常用的方法是用匹配电路，在输入节点直接连接两个或三个不同中心频率的带通滤波器，形成双工器或三工器，这种方法需要设计匹配电路，使输入处的阻抗能够很好地在两个或三个通带处同时匹配。

由图 2-14(a)可以看出，本书提出的新型复合左右手传输线单元结构在平衡条件下具有带通滤波特性，因此可分别用来设计两个不同工作频率的复合左右手带通滤波器，结合匹配电路进一步设计复合左右手双工器，并结合天线单元设计双频微带天线阵列。由于本章设计的双频微带天线阵列的两个工作频率为 6 GHz 和 10 GHz，即工作在 C 波段和 X 波段，因此两个复合左右手带通滤波器需要分别工作在 C 波段和 X 波段，复合左右手双工器需要实现 C 波段和 X 波段的频率分离。

2.4.1　复合左右手带通滤波器

两个带通滤波器的中心频率分别设计为 6 GHz 和 10 GHz。采用相对介电常数为 2.65，厚度为 0.5 mm 的聚四氟乙烯玻璃布板。通过 2.3 节的传输特性分析，根据图 2-13 所示的结构模型参数，经仿真优化最终确定滤波器的参数见表 2-3，另外，50 Ω 微带线的宽度 w 为 1.37 mm，缝隙的宽度及过孔半径分别为：$w_1=w_2=w_3=w_4=w_5=0.2$ mm，$r=0.5$ mm，其中 6 GHz 滤波器的交指个数为 13，10 GHz 滤波器的交指个数为 9。

表 2-3　滤波器结构参数值　　单位：mm

	d	l_1	d_1	l_2	d_2	l_3	d_3	d_4	x	y
6 GHz	3.8	5	1.85	3.8	0.6	2.8	2.1	1.45	1.3	2.2
10 GHz	2.6	3.4	1.25	2.3	0.6	1.4	1.4	1.05	0.9	1

图 2-26 所示为两个带通滤波器的实物图，可以看出所设计的复合左右手带通滤波器结构紧凑；图 2-27 所示为仿真结果和实验结果，可以看出实验结果与仿真结果趋于一致，两个滤波器通带内的测试插入损耗均小于0.9 dB，具有较小的插损。同时，根据 2.3 节的分析可知，复合左右手传输线的左手通带和右手通带均可单独控制，因此设计方法简单。

(a)　(b)

图 2-26　复合左右手带通滤波器实物图

(a)6 GHz；(b)10 GHz

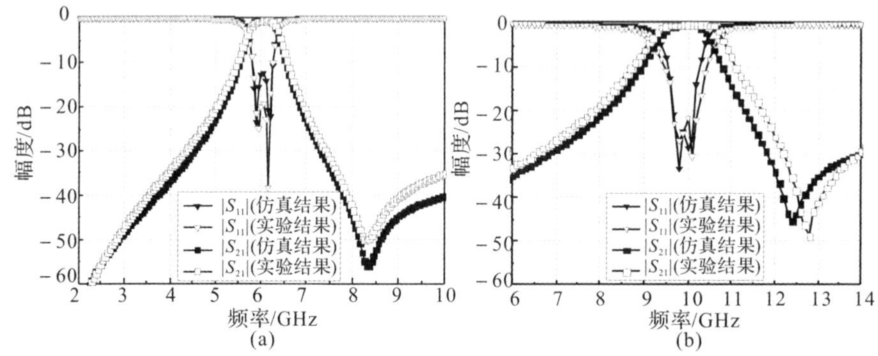

图 2-27　复合左右手带通滤波器的仿真和实验结果

(a)6 GHz;(b)10 GHz

2.4.2　复合左右手双工器

复合左右手双工器由 2.4.1 节所设计的两个复合左右手带通滤波器与匹配电路连接而成。采用相同的介质板，复合左右手双工器实物如图 2-28 所示，图中“1 端口”与“2 端口”之间的微带线长度 l_{12} 为 15.75 mm，“1 端口”与“3 端口”之间的微带线长度 l_{13} 为 14.45 mm。笔者对复合左右手双工器进行了数值仿真、实物加工和实验测量，图 2-29～图 2-31 所示分别为复合左右手双工器的反射系数、传输系数和隔离系数的实验结果，由于曲线较多，图中未给出仿真结果，为便于对比将仿真结果与图示的实验结果进行比较，见表2-4。

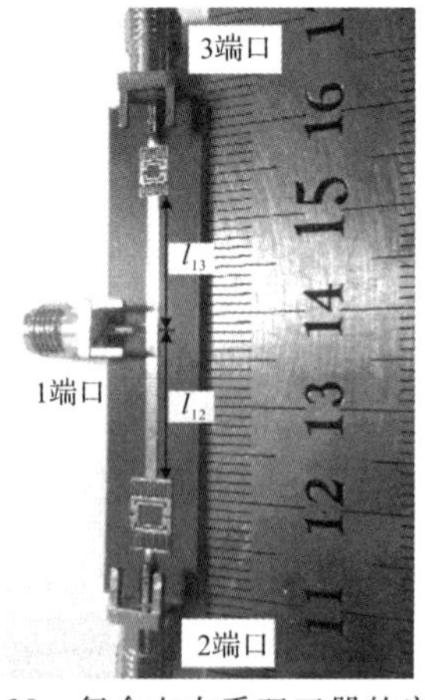

图 2-28　复合左右手双工器的实物图

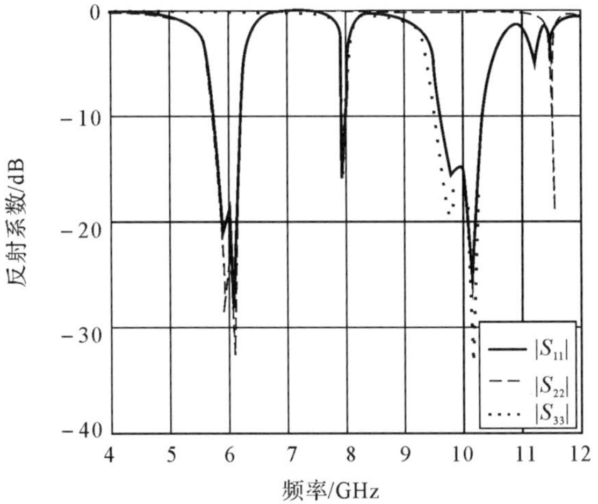

图 2-29　复合左右手双工器反射系数实验结果

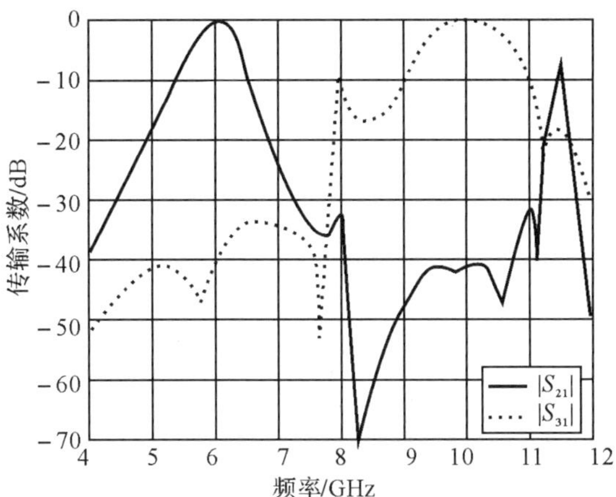

图 2-30　复合左右手双工器传输系数实验结果

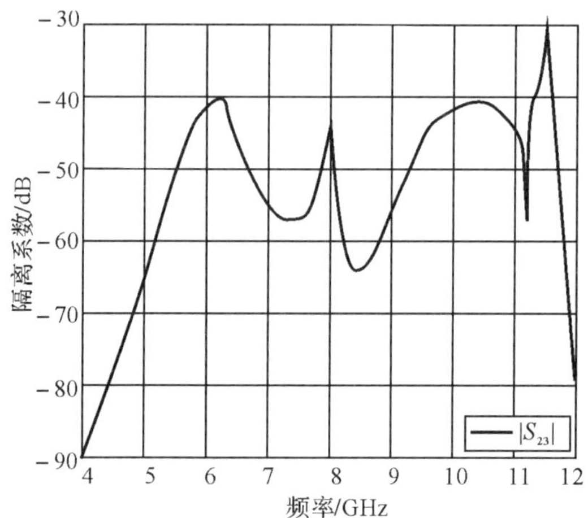

图 2-31 复合左右手双工器隔离系数实验结果

表 2-4 双工器的仿真与实验结果对比

项 目	2 端口(6 GHz)			3 端口(10 GHz)			隔离度/dB
	中心频率/GHz	通带宽度/GHz	插入损耗/dB	中心频率/GHz	通带宽度/GHz	插入损耗/dB	
仿真结果	6	0.41	0.76	10	0.7	0.68	35
实验结果	6.03	0.43	0.95	9.95	0.73	1.05	40

由表 2-4 可知,采用新型复合左右手传输线所设计的双工器的仿真与实验结果基本吻合。实验结果表明,在 6 GHz,端口 2 直通,端口 3 隔离,$|S_{31}|=-41$ dB;在 10 GHz,端口 3 直通,端口 2 隔离,$|S_{21}|=-42$ dB;在这两个通带内,2 端口与 3 端口间的隔离度大于 40 dB。可见所设计的复合左右手双工器有效实现了两个频带的分离。

本节利用提出的复合左右手传输线在平衡条件下的带通滤波特性,设计了新型 C 波段和 X 波段的复合左右手带通滤波器,并结合匹配电路设计了新型复合左右手双工器。由实验结果可知,所设计的复合左右手双工器有效地实现了 C/X 频段的分离。由于复合左右手传输线的左手通带和右手通带均可单独控制,可很方便地用来设计复合左右手带通滤波器及复合左右手双工器,且所设计的复合左右手双工器是单平面结构,设计方法简单,占用面积小,十分适用于天线馈电网络。

2.5　双频微带天线阵列设计

基于 2.4 节所设计的复合左右手双工器的突出优点，本节将其作为馈电网络来设计工作于 C/X 波段的双频天线阵列。首先需要设计分别工作于 C 波段及 X 波段的天线单元及天线子阵。由于天线单元和天线子阵的设计均采用传统设计方法和馈电结构，在此不详细叙述其工作原理，只给出设计参数和设计结果。

2.5.1　天线单元及子阵

天线单元结构及 2 元天线阵列如图 2－32 所示，介质板采用相对介电常数为 2.65，厚度为 0.5 mm 的聚四氟乙烯玻璃布板。天线贴片采用长为 W 的正方形结构，采用 100 Ω 的馈线进行馈电，图中一对长为 L_s 宽为 W_s 的缝隙是为了调节匹配，两单元中心的间距为 d。

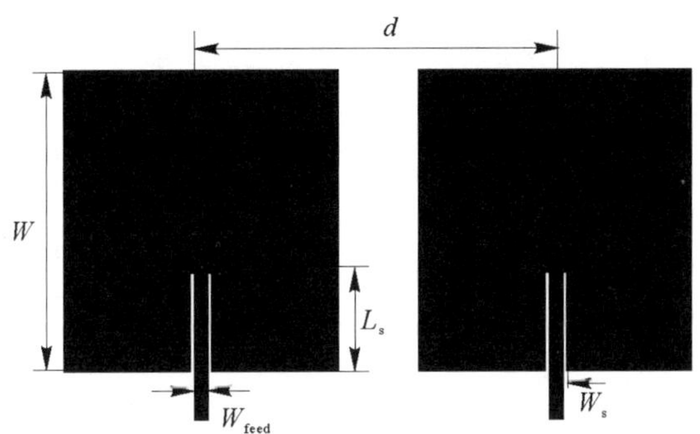

图 2－32　天线结构示意图

首先给出天线单元的设计参数及设计结果。中心频率为 6 GHz 的天线单元尺寸为：W＝15.06 mm，W_{feed}＝0.38 mm，W_s＝0.3 mm，L_s＝5.3 mm；中心频率为 10 GHz 的天线单元尺寸为：W＝8.92 mm，W_{feed}＝0.38 mm，W_s＝0.4 mm，L_s＝3.2 mm。两天线单元的反射系数、增益及中心频率处 E 面和 H 面方向图的仿真结果分别如图 2－33～图 2－35 所示。

由图 2－33 所示反射系数的仿真结果可知，两天线单元在各自的中心频率处均具有良好的匹配特性；由图 2－34 所示的天线增益仿真结果可知，6 GHz天线单元在中心频率处的增益达到了 5.5 dB，10 GHz 天线单元在中心频率处的增益达到了 7.2 dB；由图 2－35 所示的中心频率处 E 面和 H 面方向

图的仿真结果可知，两天线单元的方向图性能良好。

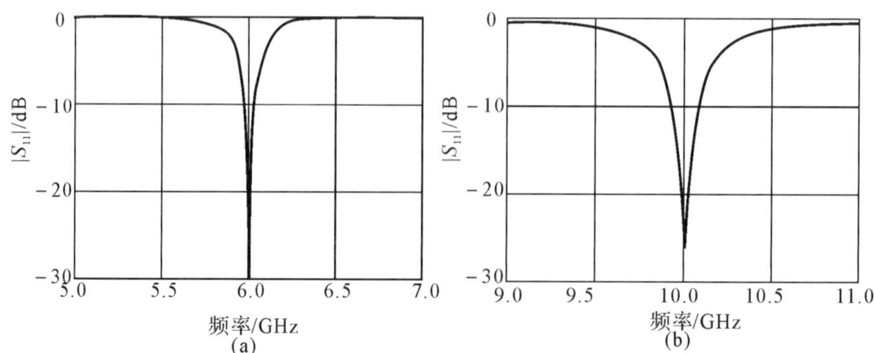

图 2-33　天线单元反射系数的仿真结果

(a)6 GHz;(b)10 GHz

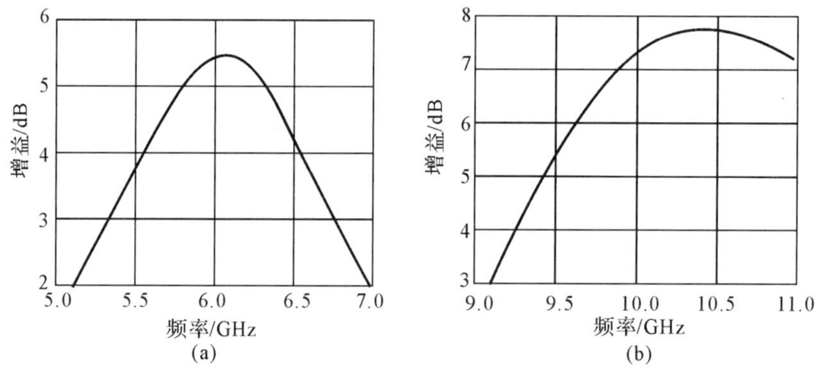

图 2-34　天线单元增益的仿真结果

(a)6 GHz;(b)10 GHz

在天线单元的基础上，给出天线子阵的设计参数和设计结果，出于增益大小的考虑，选择 4 元天线子阵。C 波段天线子阵的单元间距 d_c 为 0.65λ_c，其中 λ_c 为 6 GHz 对应的真空波长；X 波段天线子阵的单元间距 d_x 为 0.8λ_x，其中 λ_x 为 10 GHz 对应的真空波长。4 元天线子阵的反射系数、增益及中心频率处 E 面和 H 面方向图的仿真结果分别如图 2-36～图 2-38 所示。

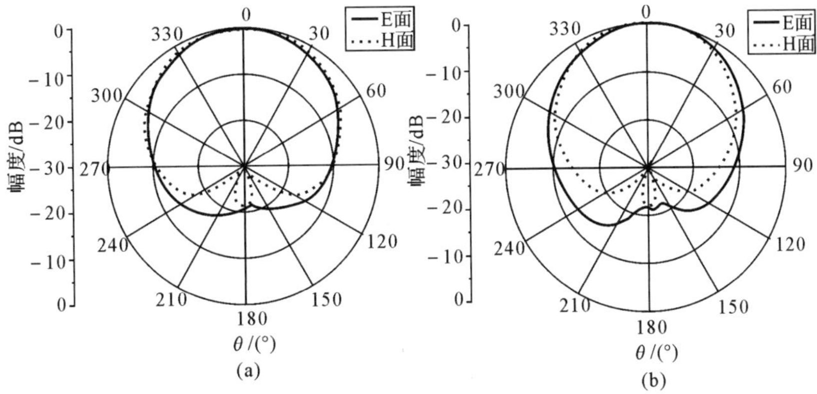

图 2-35　天线单元方向图的仿真结果

(a)6 GHz;(b)10 GHz

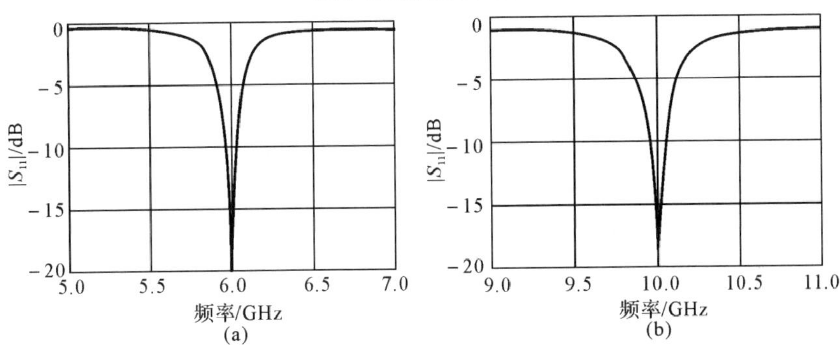

图 2-36　4 元天线子阵反射系数的仿真结果

(a)6 GHz;(b)10 GHz

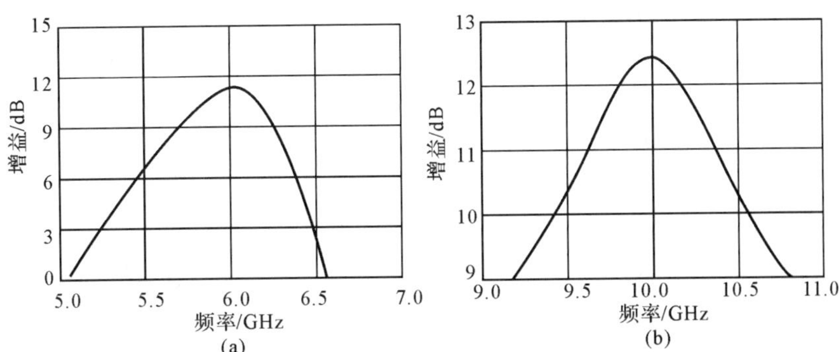

图 2-37　4 元天线子阵增益的仿真结果

(a)6 GHz;(b)10 GHz

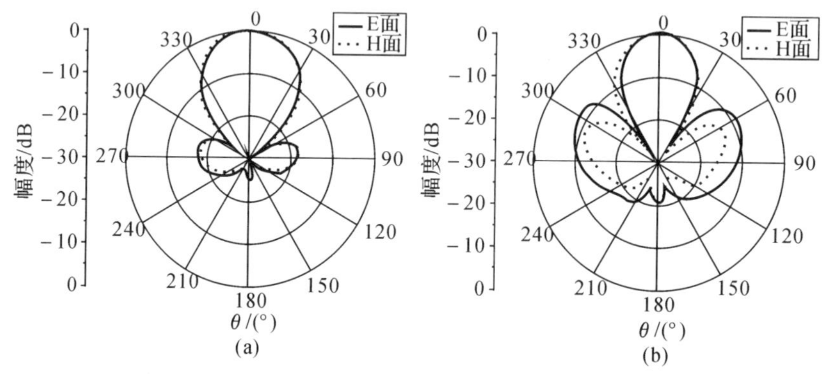

图 2-38 4 元天线子阵方向图的仿真结果

(a)6 GHz;(b)10 GHz

由图 2-36 所示反射系数的仿真结果可知,两天线子阵在中心频率均具有良好的匹配特性;由图 2-37 所示的增益仿真结果可知,6 GHz 天线子阵在中心频率处的增益达到了 11.3 dB,10 GHz 天线单元在中心频率处的增益达到了 12.4 dB;由图 2-38 所示的中心频率方向图仿真结果可知,C 波段天线子阵的方向图性能良好,而 X 波段天线子阵的方向图的副瓣较大,这是由于单元间距(0.8λ_x)较大造成的,而之所以使用较大的单元间距,主要是基于馈线布线的考虑(见图 2-39)。

2.5.2 双频天线阵列

天线系统的测量主要包括两大部分:电路特性(如输入阻抗、效率、频带宽度和匹配程度等)的测量和辐射特性(如方向图、增益、极化和相位等)的测量。电路特性的测量在本单位的微波毫米波实验室进行,测试仪器为 Anritsu ME7808A 宽带矢量网络分析仪。辐射特性的测量利用本单位天线测量实验室中的天线远场测试系统来完成,测试设备主要有矢量网络分析仪、信号源、倍频器、转台、标准增益喇叭和测量软件。后续章节的测试仪器与本章相同。

将 4 元微带天线子阵与所设计的复合左右手双工器相结合设计了工作于 C/X 波段的双频天线阵列。天线实物如图 2-39 所示;反射系数的仿真与实验结果如图 2-40 所示;增益的仿真与实验结果如图 2-41 所示;两个工作频点的方向图实验结果如图 2-42 所示。

由图 2-40 所示双频天线阵列的反射系数结果可看出,仿真与实验结果较一致,天线阵列工作在 6 GHz 和 10 GHz 两个频点,个别频点出现了谐波;

图 2－41 所示为天线在 5.6～6.4 GHz 和 9.6～10.4 GHz 频带范围内 18 个频点处增益的仿真和实验值，可以看出，仿真结果比图 2－37 所示的子阵仿真结果稍低，原因是复合左右手双工器及馈线本身的损耗影响，实验结果表明天线阵列在 C/X 波段的增益分别为 10.4 dB 和 11.4 dB，实验结果比仿真结果略低 0.5～1 dB；由图 2－42 所示的中心频率处方向图的实验结果可知，天线阵列 C 波段的方向图性能良好，而 X 波段方向图的副瓣较大，这与 X 波段天线子阵的仿真结果一致，副瓣较大的原因也是因为单元间距较大。

图 2－39　双频天线阵列实物图

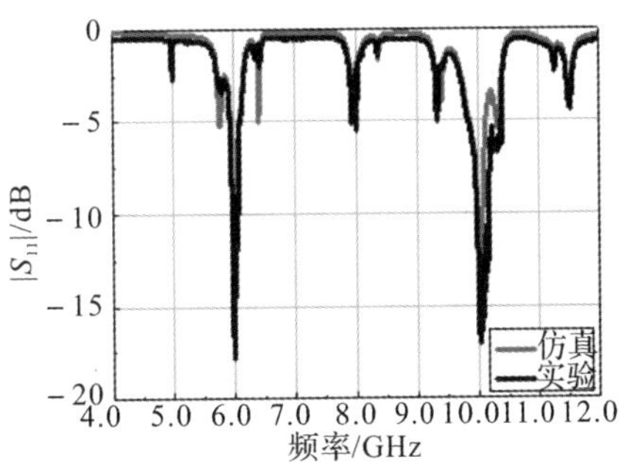

图 2－40　双频天线阵列反射系数结果

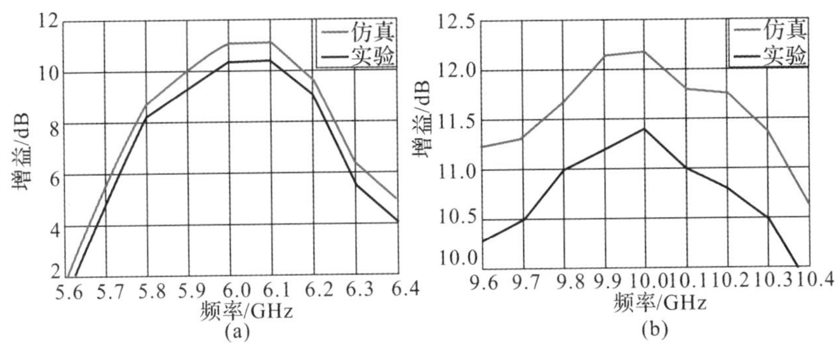

图 2－41　双频天线阵列增益结果

(a)5.6～6.4 GHz；(b)9.6～10.4 GHz

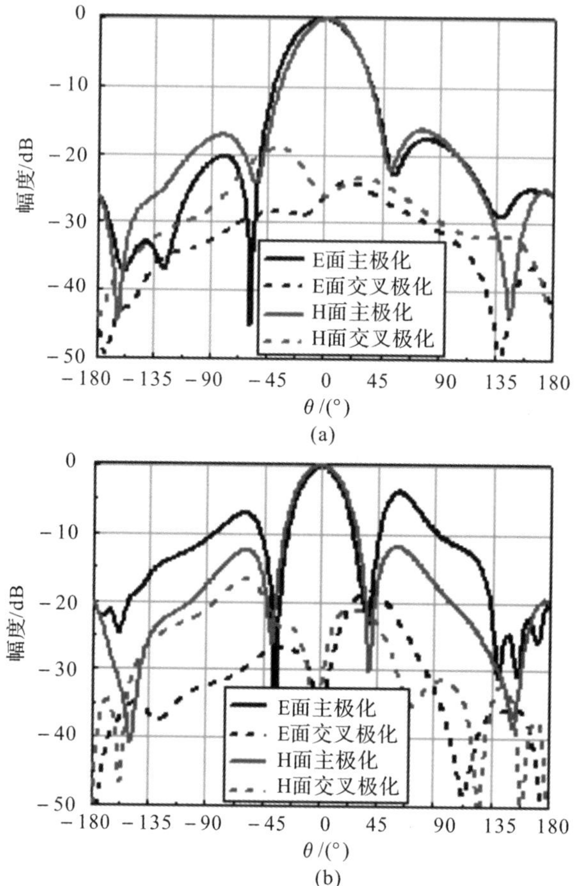

图 2-42 双频天线阵列方向图的实验结果

(a)6 GHz;(b)10 GHz

2.6 小 结

由于双/多频天线单元的增益较低，在对天线增益要求较高时，需要采用双频天线阵列。不同于以往双频天线阵列的设计方法，本章采用新型的复合左右手传输线结构作为馈电网络设计了工作于C/X波段的双频天线阵列。

(1)对已报道的双频天线单元和双频天线阵列的实现方式进行总结，对比不同方法的优缺点，为本章双频天线阵列的设计提供指导。

(2)提出了基于交指缝隙和接地过孔的新型平面复合左右手传输线结构，交指缝隙等效为串联电容，提供负磁导率效应，接地过孔等效为并联电感，提供负介电常数效应；通过色散曲线证明了该结构为复合左右手传输线，并提出了结构的等效电路模型；深入分析了新型复合左右手结构的传输特性，发现其左手通带和右手通带均单独可调，且在平衡条件下具有带通滤波特性，在非平衡条件下具有双频滤波特性。

(3)利用所提出的复合左右手传输线在平衡条件下的带通滤波特性，分别设计了新型 C 波段和 X 波段的复合左右手带通滤波器；结合两个复合左右手带通滤波器设计了新型的复合左右手双工器，所设计的复合左右手双工器是单平面结构，设计方法简单，占用面积小，十分适用于天线馈电网络。

(4)分别设计了工作于 C 波段和 X 波段的天线单元及 4 元天线子阵，并结合复合左右手双工器实现了 C/X 波段的双频天线阵列，实验结果表明，双频天线阵列在 C/X 波段匹配特性良好，增益分别达到 10.4 dB 和 11.4 dB。

第3章 基于单一复合左右手传输线的宽带圆极化天线阵列

圆极化技术是微带天线理论和技术应用的重要分支，随着卫星通信、遥控遥测技术的发展，雷达应用范围的扩大以及对高速目标在各种极化方式和气候条件下跟踪测量的需要，单一极化方式已经难以满足要求，因此圆极化天线的应用就显得十分重要[129-131]。圆极化天线在雷达、通信、电子对抗、遥测遥感、天文及电视广播等方面的应用非常广泛[129,132-135]：①在雷达和通信中广泛采用圆极化天线的旋向正交性，当圆极化波入射到对称目标(如平面、球面等)时具有旋向逆转的特性，这一特性在移动通信和全球定位系统中可用来抗雨雾干扰和多径反射；②在电子对抗中，使用圆极化天线可干扰和侦察敌方的各种线极化和椭圆极化方式的无线电波；③在天文及遥测遥感设备中采用圆极化天线，除可减小信号损失外，还能消除由电离层法拉第旋转效应引起的极化畸变影响；④在电视广播中采用圆极化天线，可以克服重影；⑤由于通信系统应用平台的运动性及战场环境的复杂性，在通信系统中采用圆极化天线可提高通信的可靠性和安全性，在剧烈摆动或滚动的飞行器上装置圆极化天线，可在任何状态下收到信息，等等。

此外，宽带通信具有通信容量大、保密性好及抗多径干扰能力强等优点，是未来通信系统的发展方向，因此对通信设备的宽带化提出了越来越高的要求[130]，其中，宽带天线就是无线通信系统的一个重要组成部分。因此，研究宽带圆极化天线对于微带天线技术的发展非常重要。利用功分器等组合电路将圆极化天线单元或线极化天线单元组合起来可以构成圆极化天线阵列，阵列天线的性能可明显得到改善，如增益显著提高，轴比带宽显著增大，阵列天线比单个天线具有更大的优势。

本章采用基于复合左右手传输线的宽带移相器结合顺序旋转技术设计宽带圆极化天线阵列。首先，分析顺序旋转阵列中天线单元的极化特性、馈电幅度比和馈电相位差对阵列圆极化特性和增益特性的影响；其次，从理论上分析单一复合左右手传输线的色散特性，给出相移常数的表达式，提出利用单一复合左右手传输线结构的非线性相位特性设计宽带移相器的方法；再次，根据提出的单一复合左右手传输线宽带移相器的设计方法，分别设计宽带 90°和

180°移相器，以及具有宽带相位差的 4 元顺序旋转馈电网络；最后，设计宽带圆极化天线单元，结合具有宽带相位差的 4 元顺序旋转馈电网络设计 4 元宽带圆极化天线阵列。

3.1　顺序旋转阵列的特性分析

顺序旋转技术是指辐射单元按一定顺序旋转及馈电相位按一定顺序变化的技术[136]，采用这种技术能显著增加阵列天线的圆极化纯度和圆极化带宽，是研制宽频带圆极化天线的理想结构形式。

顺序旋转阵列是从多馈点的圆极化单元演变而来的。1981 年，J. R. James 和 P. S. Hall 提出了两线极化单元组成的顺序旋转阵列[137]；1982 年，M. Haneishi 等人对辐射单元是圆极化的 2 元顺序旋转阵列进行了实验研究[138]，实测的 4×4 阵列的轴比带宽达到了 10%，而用来对比的传统 4×4 阵列的轴比带宽仅为 3%；1986 年，J. Huang 详细介绍了用线极化单元形成圆极化阵列的技术[139]，仔细分析了线极化单元 4 元阵列的性能并设计了 2×2，4×4和 2×8 等多个阵列，获得了良好的圆极化性能，并且文中指出用线极化单元组成的顺序旋转阵列在对角线面内存在较高的交叉极化电平；1988 年，P. S. Hall 和 J. Huang 共同分析了用线极化单元组成圆极化阵列的增益损失问题[140]；1995 年，J. Huang 设计了 12×16 阵列的平面微带顺序旋转阵列[141]，天线阵列工作于 32 GHz，单元采用切角圆极化微带矩形贴片，馈电网络采用串/并馈组合结构，且使用同轴背馈激励，天线的实测带宽达到 2 GHz，3 dB轴比带宽达到 1.3 GHz，天线增益达到 28.4 dB，在 0.95 GHz 的频率范围内，增益的下降小于 1 dB。其他研究人员主要从单元的形式和馈电网络的结构两个方面对顺序旋转阵列进行了研究[142-148]，目的是尽可能地增加天线阵列的带宽、改善天线阵列的轴比及提高天线阵列的增益。

本节从理论上分析顺序旋转阵列的特性，主要分析顺序旋转阵列中天线单元的极化特性、馈电幅度比和馈电相位差对天线阵列的圆极化特性和增益特性的影响。

3.1.1　顺序旋转阵列理论

根据顺序旋转技术的要求，阵列中共有 N 个辐射单元，其中，第 i 个辐射单元在平面内的物理旋转角度为 φ_{pi} ，而馈电相位要变化 φ_{ei} [136]，分别见式(3-1)和式(3-2)。

$$\varphi_{pi} = (i-1)\frac{p\pi}{nN} \tag{3-1}$$

$$\varphi_{ei} = (i-1)\frac{p\pi}{N} \tag{3-2}$$

式(3-1)和式(3-2)中，p 为整数，表示单元在平面内旋转的半圈数；n 代表波型指数，对于工作在主模的微带天线来说，其值等于1。

顺序旋转阵列的基本形式主要有直线形和圆环形两种。两种阵列单元的物理旋转角度和馈电相位差是一致的，所不同的是天线单元的布阵方式，直线形顺序旋转阵列的天线单元分布在一条直线上，圆环形顺序旋转阵列的天线单元沿着圆环分布。以如图3-1所示的圆环形顺序旋转阵列为例，简要介绍顺序旋转阵列的基本工作原理[136]。

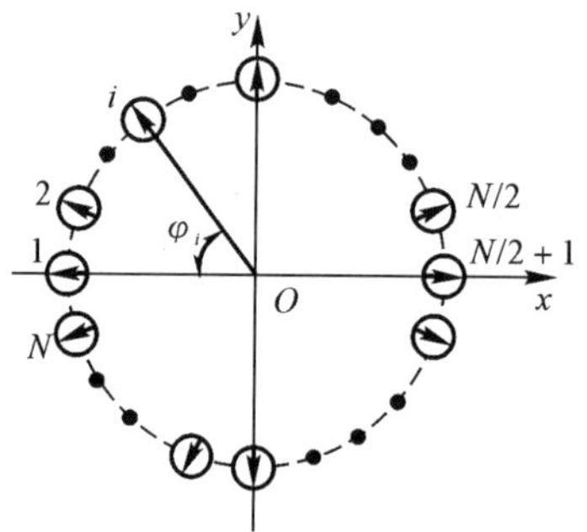

图3-1 圆环形顺序旋转阵列示意图

假定阵列中第1个天线单元辐射的是椭圆极化波，表达式为

$$E_1(\theta,\varphi) = a(\theta,\varphi)\hat{\theta} + \mathrm{j}b(\theta,\varphi)\hat{\varphi} \tag{3-3}$$

旋转角度和馈电相位分别由式(3-1)和式(3-2)给出。

根据电场叠加原理，顺序旋转阵列的总辐射电场可表示为

$$E_t(\theta,\varphi) = \sum_{i=1}^{N} E_i(\theta,\varphi) \tag{3-4}$$

式(3-4)中，E_i是第 i 个天线单元的辐射场。

取 $a(0,0)=a$ ，$b(0,0)=b$ ，在边射方向上，阵列的辐射场表达式为

$$E_t(0,0) = \sum_{i=1}^{N} E_i(0,0) = \sum_{i=1}^{N} \{[a(0,0)\cos\varphi_{pi} - \mathrm{j}b(0,0)\sin\varphi_{pi}]\hat{\theta} + [a(0,0)\sin\varphi_{pi} + \mathrm{j}b(0,0)\cos\varphi_{pi}]\hat{\varphi}\} \times \exp(\mathrm{j}\varphi_{ei}) =$$

$$\frac{N}{2}(a+b)(\hat{\theta}+\mathrm{j}\hat{\varphi})+\frac{1}{2}(a-b)(\hat{\theta}-\mathrm{j}\hat{\varphi})\ \frac{\sin p\pi}{\sin\dfrac{p\pi}{N}}\exp\left\{\mathrm{j}\ \frac{(N-1)p\pi}{N}\right\} \tag{3-5}$$

式(3-5)表明,此时圆形顺序旋转阵列辐射的是纯圆极化波,阵列的旋向与单元的旋向相同,幅度相互叠加。

如果 $\varphi_{ei}=-(i-1)\dfrac{p\pi}{N}$,此时,式(3-5)变为

$$E'_{t}(0,0)=\frac{N}{2}(a-b)(\hat{\theta}-\mathrm{j}\hat{\varphi})+\frac{1}{2}(a+b)(\hat{\theta}+\mathrm{j}\hat{\varphi})\ \frac{\sin p\pi}{\sin\dfrac{p\pi}{N}}\exp\left\{-\mathrm{j}\ \frac{(N-1)p\pi}{N}\right\} \tag{3-6}$$

由式(3-6)可以看出,此时的圆形顺序旋转阵列辐射的还是纯圆极化波,但旋向与式(3-5)表示的辐射场相反。

顺序旋转阵列的优点主要有:①显著增加阵列的轴比带宽。当天线单元辐射纯圆极化波时,顺序旋转阵列与普通阵列天线均辐射圆极化波;当天线单元辐射椭圆极化波和线极化波时,在边射方向上,普通阵列辐射的是椭圆极化波和线极化波,但顺序旋转阵列辐射的仍然是纯圆极化波,因此,顺序旋转阵列的轴比带宽比普通阵列要宽。②增加阵列的阻抗带宽,主要原因有两个,一是相邻辐射单元之间具有一定的旋转角度,甚至正交,减小了互耦;二是馈电相位的不一致,导致输入阻抗的虚部相互叠加而削弱。

顺序旋转阵列的不足之处主要有:①馈电网络复杂,设计顺序馈电网络具有一定难度;②对于线极化辐射单元,采用顺序旋转馈电后,其交叉极化电平增大,天线的增益会有一定损失。

3.1.2　圆极化特性分析

影响顺序旋转阵列圆极化特性的因素主要有3个:单元的极化特性、馈电幅度比和馈电相位差[131],本节主要研究这3个因素对阵列圆极化性能的影响。

将4单元组成的顺序旋转阵列简称为4元阵列,如图3-2所示。4个单元在 xOy 面内依次按逆时针旋转90°的方式排列在正方形的4个角点上,单元间距为 d。按式(3-1)和式(3-2)关于顺序旋转阵列的定义,其单元的总数 $N=4$,旋转的半圈数 $p=2$,波型指数 $n=1$。图3-2所示的4元阵列既可看成4元圆环阵列,也可认为是由两个2元阵列组合而成的。单元的激励分

别用 $v_1 \sim v_4$ 表示，其中激励幅度为 $u_1 \sim u_4$，馈电相位为 $\psi_1 \sim \psi_4$。

定义 4 元阵列的激励为 $V = \{v_1, v_2, v_3, v_4\} = \{u_1 e^{j\psi_1}, u_2 e^{j\psi_2}, u_3 e^{j\psi_3}, u_4 e^{j\psi_4}\}$，馈电幅度比 $a = u_2/u_1 = u_4/u_3$，馈电相位差 $\Delta\psi = \psi_{i+1} - \psi_i$ $(i = 1,2,3)$。

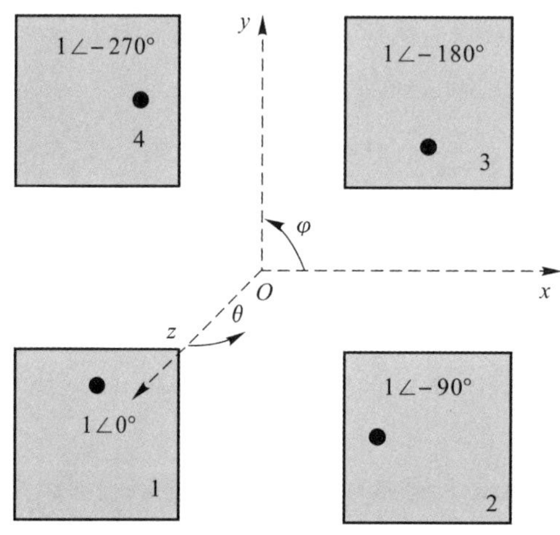

图 3-2　4 元顺序旋转阵列结构示意图

4 元阵列中的辐射单元不限定是圆极化单元，当它是一般的椭圆极化单元(线极化和圆极化均视为椭圆极化的特例)时，将对 4 元阵列的圆极化特性产生影响。此外，由于工作频率的变化、单元间的互耦、阻抗不匹配及加工误差等因素的影响，馈电网络所提供的激励幅度和相位将偏离预定值，从而造成馈电不均衡。下面主要分析单元极化特性和馈电不均衡对 4 元阵列的圆极化特性的影响。

天线单元采用寄生贴片的层叠结构，中心频率为 5.5 GHz，下层板采用相对介电常数为 2.65，厚度为 0.5 mm 的介质板，上层板采用相对介电常数为 4.1，厚度为 1.5 mm 的介质板。下层板辐射贴片的尺寸为 17.3 mm×17.3 mm，上层板寄生贴片尺寸为 17.2 mm×17.2 mm，采用 50 Ω 馈线侧馈，为调节匹配，在距离辐射贴片 1.5 mm 的馈线处加载一个长为 4 mm，宽为 1.36 mm 的矩形支节。该天线单元辐射线极化波，若辐射圆极化波则采用切角技术，辐射贴片和寄生贴片的切角长度分别为 4 mm 和 3.8 mm，切角后单元辐射右旋圆极化波。

1. 单元极化特性对阵列圆极化性能的影响

取单元间距 d 为 $0.7\lambda_0$，λ_0 为中心频率对应的波长，单元的馈电幅度比 $a=1$，馈电相位差 $\Delta\psi = -90°$，辐射单元为线极化和圆极化时，4 元阵列在

φ=0°,45°和 90°面的圆极化分量和轴比特性与单元极化特性的关系分别如图 3-3～图 3-5 所示。

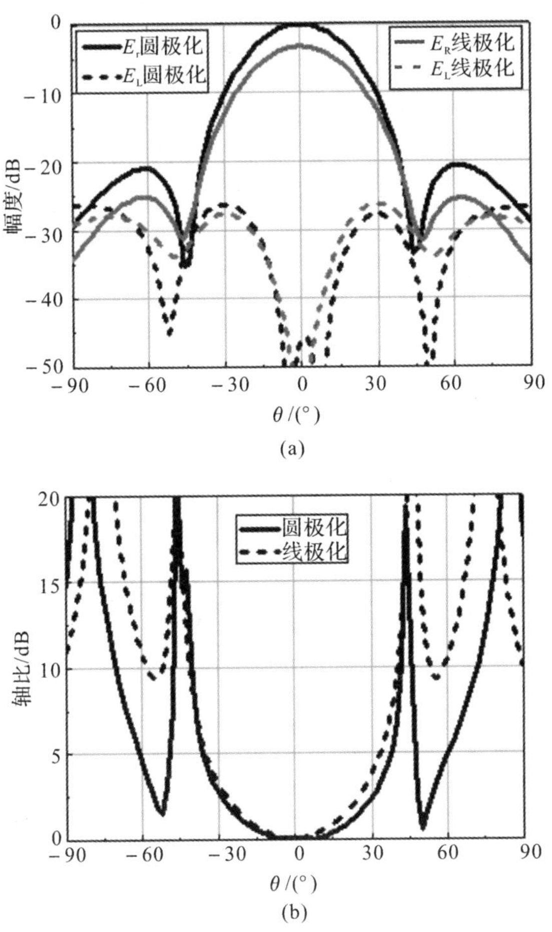

图 3-3　φ=0°面单元极化特性对阵列圆极化特性的影响

(a)对圆极化分量的影响;(b)对轴比的影响

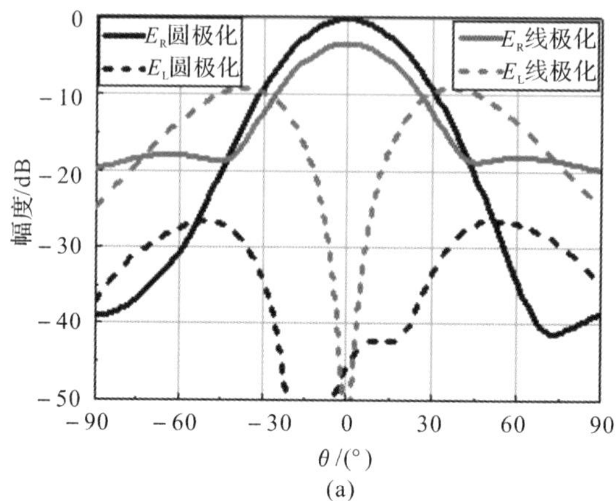

(a)

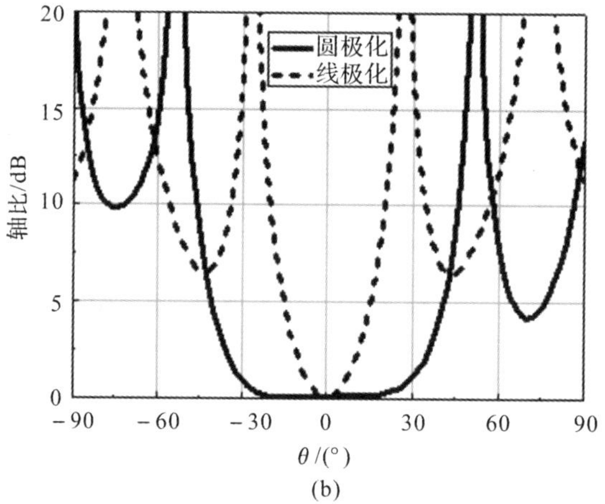

(b)

图 3-4　$\varphi=45°$面单元极化特性对阵列圆极化特性的影响

(a)对圆极化分量的影响;(b)对轴比的影响

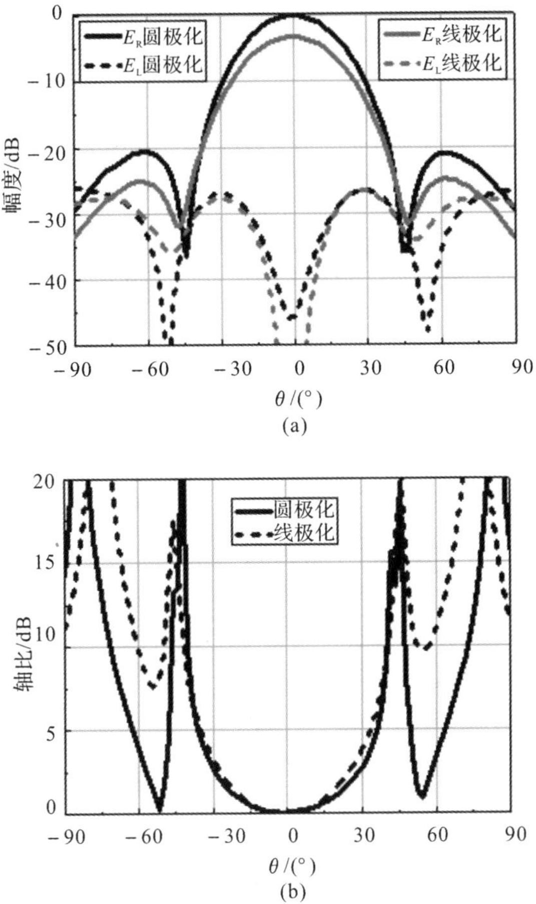

图 3-5　$\varphi=90°$面单元极化特性对阵列圆极化特性的影响

(a)对圆极化分量的影响;(b)对轴比的影响

由图 3-3 和图 3-5 可看出,在 $\varphi=0°$面和 $\varphi=90°$面,对于线极化单元,阵列的圆极化性能很好,当采用圆极化单元后,圆极化性能进一步改善;由图 3-4 可看出,在 $\varphi=45°$面,圆极化单元组阵时的交叉极化波瓣明显低于线极化单元组阵。通过分析可看出,采用圆极化单元时,阵列的圆极化性能优于线极化单元。

2. 馈电幅度比对阵列圆极化性能的影响

在4元阵列中,取单元间距 d 为 $0.7\lambda_0$,馈电幅度比为 a,馈电相位差 $\Delta\psi=-90°$,由于圆极化单元组阵时阵列的圆极化性能优于线极化单元组阵,因此天线采用圆极化单元。4 元阵列在 $\varphi=0^\circ$，45°和 90°面的圆极化分量和轴比特性与馈电幅度比 a 的关系分别如图 3-6～图 3-8 所示。

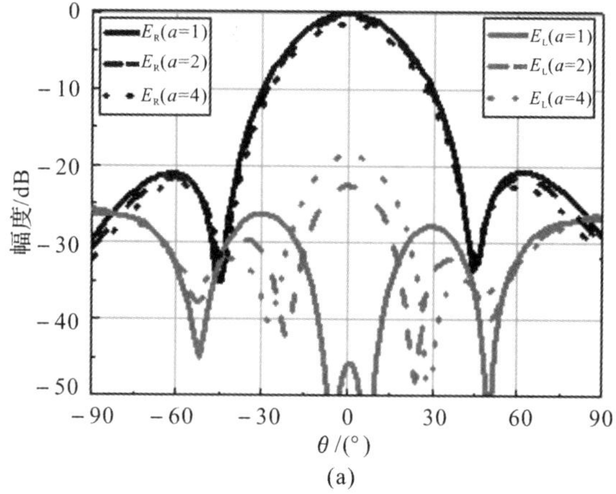

(a)

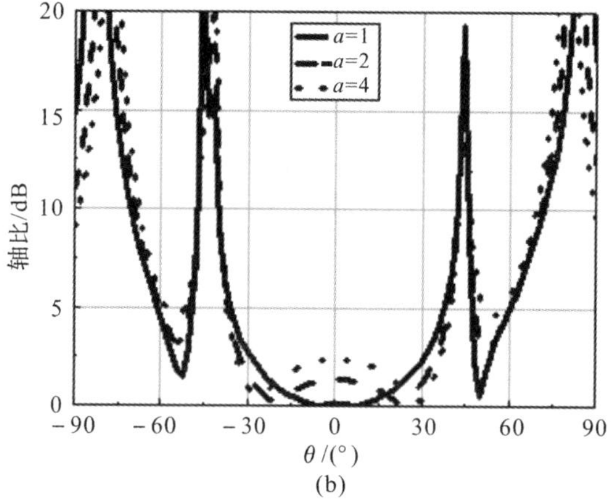

(b)

图 3-6　$\varphi=0^\circ$面馈电幅度比对阵列圆极化特性的影响

(a)对圆极化分量的影响；(b)对轴比的影响

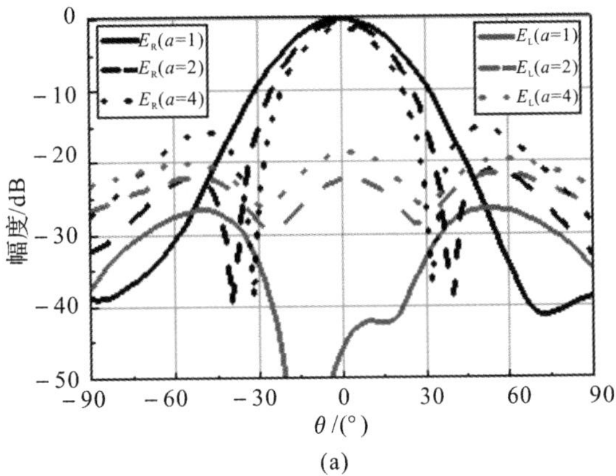

(a)

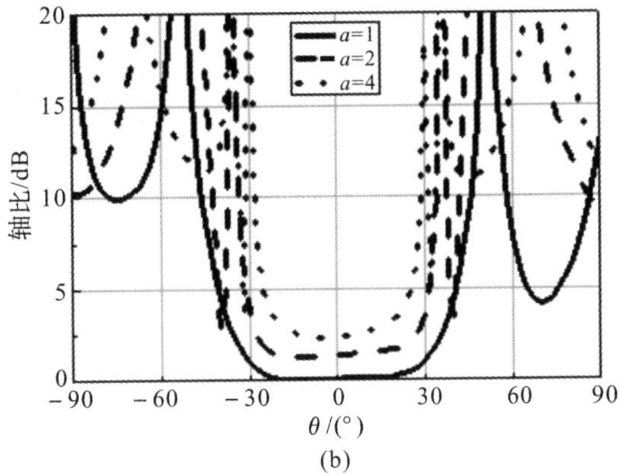

(b)

图 3-7　$\varphi=45°$面馈电幅度比对阵列圆极化特性的影响

(a)对圆极化分量的影响；(b)对轴比的影响

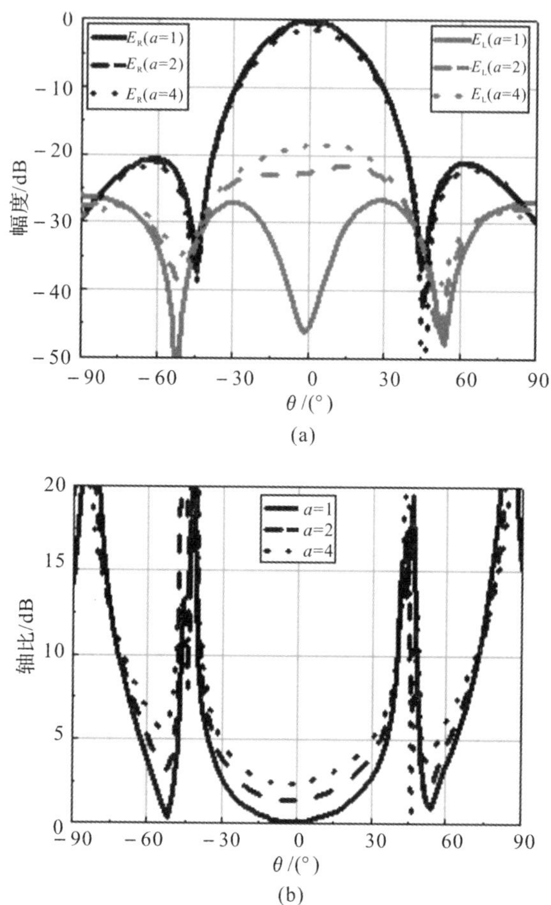

图 3-8　$\varphi=90°$面馈电幅度比对阵列圆极化特性的影响

(a)对圆极化分量的影响;(b)对轴比的影响

由图 3-6(a)和图 3-8(a)可以看出,在 $\varphi=0°$面和 $\varphi=90°$面,随着馈电幅度比 a 的增加,交叉极化分量 E_L 逐渐增大,表现在轴比上就是轴比值随 a 的增加而增加,如图 3-6(b)和图 3-8(b)所示。由图 3-7(a)可以看出,在 $\varphi=45°$面,随着馈电幅度比 a 的增加,交叉极化分量 E_L 增加,其结果表现在轴比上就是轴比值随 a 的增加而增加,如图 3-7(b)所示。通过分析可以看出,4 元阵列的圆极化性能随馈电幅度偏离幅度平衡位置($a=1$)而变差。

3.馈电相位差对阵列圆极化性能的影响

在 4 元阵列中,令单元间距 d 为 $0.7\lambda_0$,单元的馈电幅度比 $a=1$,馈电相

位差为 $\Delta\psi$，单元辐射圆极化波。4 元阵列在 $\varphi=0°$，45°和 90°面的圆极化分量和轴比特性与馈电相位差 $\Delta\psi$ 的变化关系分别如图 3-9～图 3-11 所示。

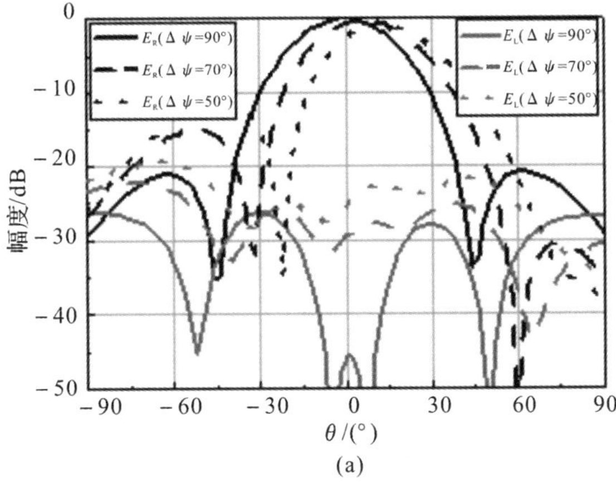

(a)

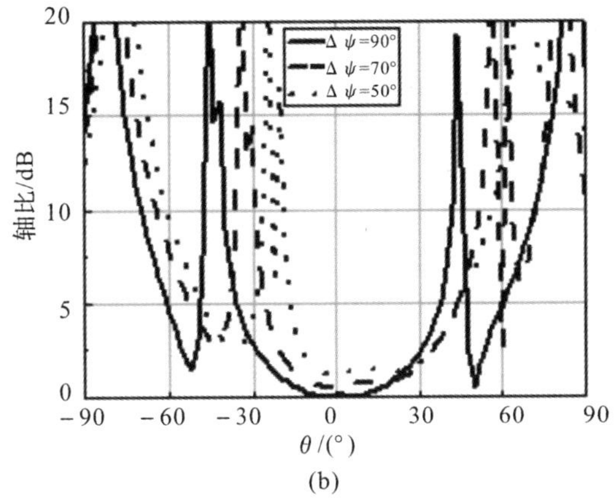

(b)

图 3-9　$\varphi=0°$面馈电相位差对阵列圆极化特性的影响

(a)对圆极化分量的影响；(b)对轴比的影响

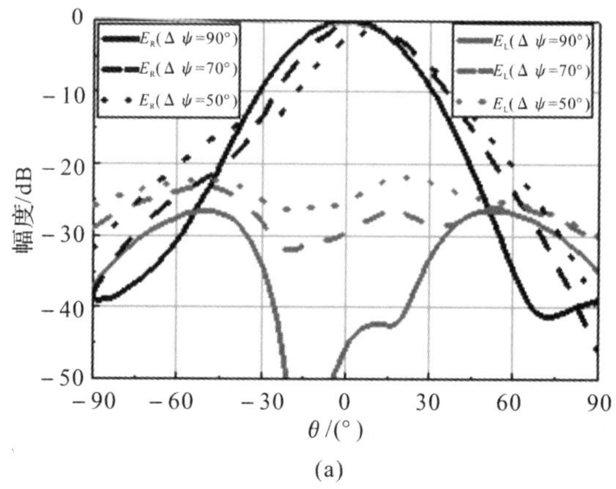

(a)

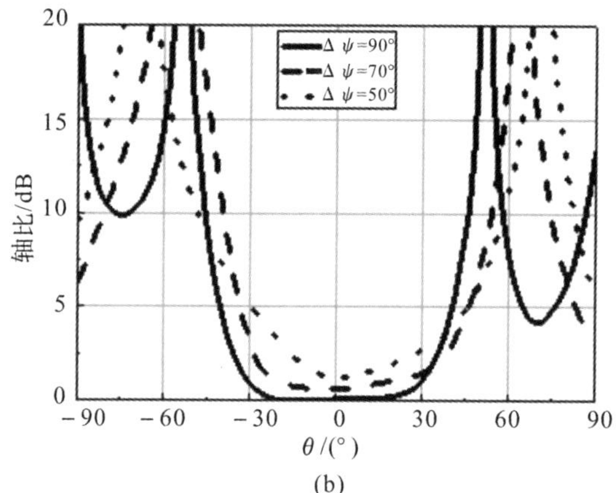

(b)

图 3-10　$\varphi=45^{\circ}$面馈电相位差对阵列圆极化特性的影响

(a)对圆极化分量的影响;(b)对轴比的影响

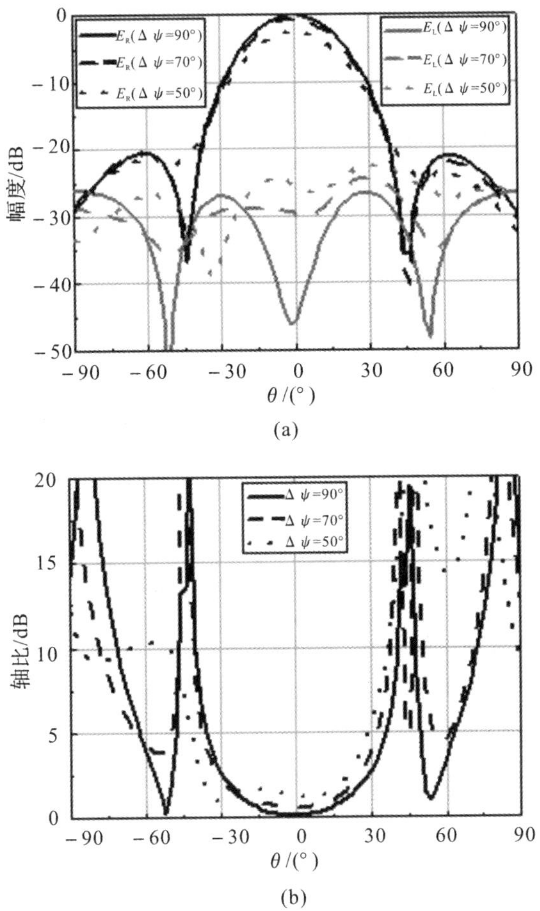

图3-11　$\varphi=90°$面馈电相位差对阵列圆极化特性的影响

(a)对圆极化分量的影响；(b)对轴比的影响

由图3-9(a)可以看出，在$\varphi=0°$面，随着馈电相位差$\Delta\psi$从90°开始下降，圆极化分量波束向单元2和单元3的方向偏移(见图3-2)，交叉极化分量E_L增大。由图3-10(a)可以看出，在$\varphi=45°$面，随着馈电相位差$\Delta\psi$从90°开始下降，圆极化分量波束向单元2和单元3的方向偏移(见图3-2)，交叉极化分量E_L增大。由图3-11(a)可以看出，在$\varphi=90°$面，随着馈电相位差$\Delta\psi$从90°开始下降，圆极化分量波束不偏移，但交叉极化分量E_L增大。3个面的轴比结果均显示轴比值随$\Delta\psi$偏离90°而增加。通过分析可看出，4元阵列的圆极化性能随馈电相位差$\Delta\psi$偏离相位平衡位置($\Delta\psi=90°$)而变差。

3.1.3 增益特性分析

单元间距 d、单元极化特性 AR、馈电幅度比 a 和馈电相位差 $\Delta\psi$ 都会对阵列的波束形状产生影响，从而影响阵列的增益。下面具体分析这 4 个变量对 4 元天线阵列增益的影响，其中单元极化特性 AR 的影响在讨论单元间距 d、馈电幅度比 a 和馈电相位差 $\Delta\psi$ 的过程中进行对比。

1. 单元间距 d 对阵列增益的影响

图 3-12 所示为 4 元阵列的增益随单元间距 d 的变化关系曲线。由图 3-12 可以看出，圆极化 4 元阵列的增益随 d 的增加而增加，原因在于随着 d 的增加阵列的有效面积增加了；线极化 4 元阵列的增益随 d 的增加总体变化不大，原因在于当 d 增加时，其交叉极化电平升高，极化增益损失也随之增加。

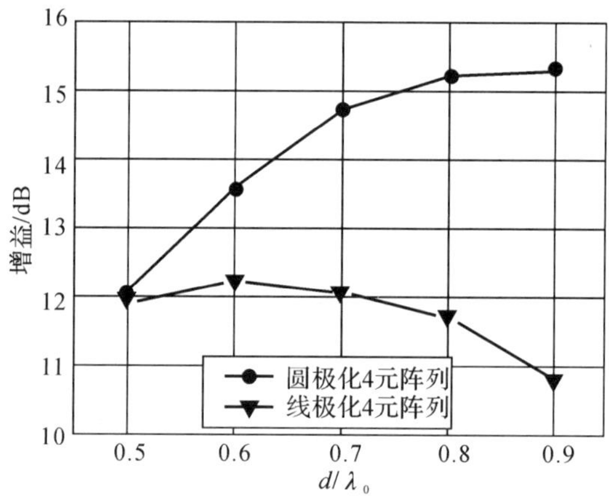

图 3-12 4 元阵列的增益与 d 的关系

由图 3-12 还可以看出，线极化 4 元阵列的增益比圆极化 4 元阵列的增益低，原因是线极化 4 元阵列在空间中的交叉极化分量较大，而圆极化 4 元阵列在空间中的交叉极化分量较小。

2. 馈电幅度比对阵列增益的影响

图 3-13 所示为 4 元阵列的增益与馈电幅度比 a 的变化关系曲线，由图 3-13 可以看出，圆极化 4 元阵列的增益随 a 偏离幅度平衡位置（$a=1$）而减小；线极化 4 元阵列的增益也随 a 偏离幅度平衡位置（$a=1$）而减小。

3. 馈电相位差对阵列增益的影响

图 3-14 所示为 4 元阵列的增益与 $\Delta\psi$ 的变化关系曲线，由图 3-14 可以看出，圆极化 4 元阵列的增益随 $\Delta\psi$ 偏离相位平衡位置（$\Delta\psi=-90°$）而减小；

线极化 4 元阵列的增益也随 $\Delta\psi$ 偏离相位平衡位置（$\Delta\psi=-90°$）而减小。

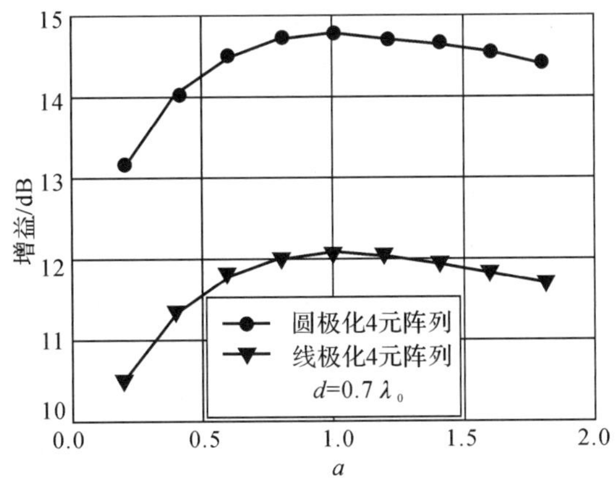

图 3-13　4 元阵列的增益与 a 的关系

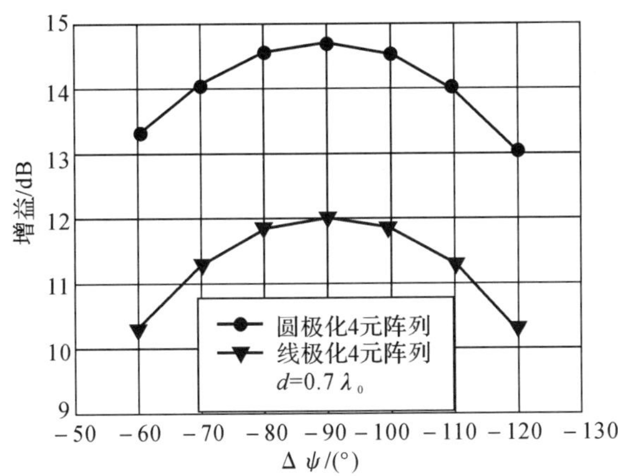

图 3-14　4 元阵列的增益与 $\Delta\psi$ 的关系

3.2　单一复合左右手传输线宽带移相器设计方法

移相器是一种重要的微波器件，在波束形成网络、相位调制器和相控阵列天线等无线通信系统中具有广泛的应用，研制出宽带平面移相器是很有意义的工作。本节在总结宽带移相器研究现状的基础上，从理论上深入分析了单一复合左右手传输线的色散特性，并基于单一复合左右手传输线的非线性色散特性提出了宽带移相器的设计方法，作为验证实例设计了超宽带 45°差分移相器。

3.2.1 宽带移相器的研究现状

传统的差分移相器是依靠两条传输线的长度差来实现相移，或在相同长度的情况下通过改变传输线的传播常数来实现相移。然而，这两种方法实现的相移带宽都比较窄。目前，宽带移相器的设计方法主要有以下几种。

(1)Schiffman 移相器及其改进结构。传统的 Schiffman 移相器采用边耦合结构，相位不平衡度达到了±10°[149]，由于奇偶模的相速不相等，使移相器的性能受到了很大影响；文献[150－151]采用一种补偿技术对 Schiffman 移相器进行了改进，但是补偿技术仅提高了阻抗带宽，对移相器的相位特性并没有明显改善；文献[152]在 Schiffman 移相器耦合线的下方附加隔离方形金属带作为一个电容，但由于耦合线的窄缝，限制了其在高频段的应用。

(2)分支线耦合器及混合环技术。文献[153]使用分支线耦合器结合扇形支节设计了宽带耦合器；文献[154]使用混合环结合反射终端设计了宽带移相器。然而，该方法设计的移相器无法达到边耦合结构的宽带特性。

(3)多层宽边缝隙耦合技术。文献[155]采用宽带椭圆形缝隙耦合设计了宽带移相器，相位不平衡度在±3°以内，获得了良好的宽带特性，但其设计过程和结构较复杂。

(4)微带-共面波导宽边耦合技术。文献[156]采用微带-共面波导宽边耦合技术设计了小型化宽带移相器，在 3～11 GHz 的频带范围，相位不平衡度在±2°以内，但微带线与共面波导的过渡需要在接地板腐蚀图形，不利于该方法的推广。

(5)平行开短路支节加载技术。文献[157]采用平行双支节网络分别设计了宽带的 45°，90°和 180°移相器，其相对带宽有 50％左右；文献[158]提出了一种哑铃形宽带 45°移相器，通过采用多支节开路和短路技术，移相器在 2～6 GHz的频带范围内，相位不平衡度为±3.2°，最大插入损耗为 2.1 dB，插入损耗过大限制了其实际应用；文献[159]采用多重扇形单元的结构形式获得最佳的移相性能，在 2～6 GHz 的频带范围内相位不平衡度为±2.84°，最大插入损耗为 1.06 dB。然而，该结构和设计的复杂性限制了其广泛应用。

(6)复合左右手传输线技术。利用复合左右手传输线的非线性相位特性，可以设计宽带移相器。在差分移相器中，把其中的一条右手传输线替换为复合左右手传输线，可展宽移相器的工作带宽[16]。利用复合左右手传输线技术设计宽带移相器的文献已在 1.2.2 节进行了总结，这里不再详述。

3.2.2　单一复合左右手传输线分析

单一复合左右手传输线是复合左右手传输线理论的延伸，最早由 X. Q. Lin 在 2006 年提出[15]。复合左右手传输线的等效电路模型包括串联电容 C_L 和串联电感 L_R 以及并联电感 L_L 和并联电容 C_R，实际结构中不可避免地存在寄生串联电感和并联电容所产生的右手效应，因而存在串联分布电感 L_R 和并联分布电容 C_R。实现复合左右手传输线必须同时具备串联电容 C_L 和并联电感 L_L，有时设计起来比较复杂。考虑两种特殊情况，即等效电路中去掉串联电容 C_L 及去掉并联电感 L_L 的情况，称这两种特殊情况为单一复合左右手传输线，其等效电路如图 3-15 所示。

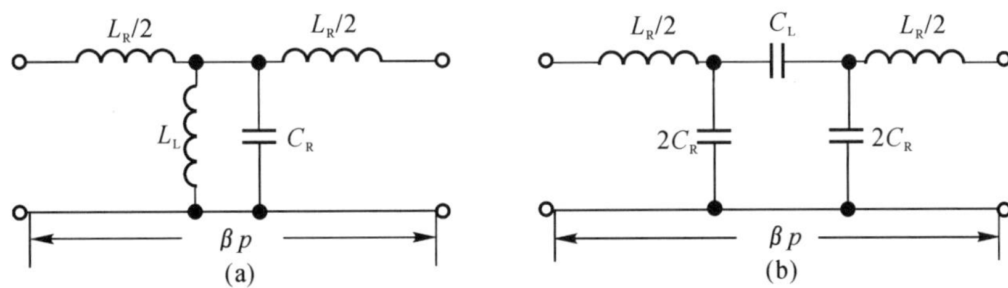

图 3-15　单一复合左右手传输线等效电路模型

(a)去掉串联电容 C_L；(b)去掉并联电感 L_L

实际应用中，如果单元的物理长度不大于 $\lambda_0/4$，即单元的电长度不大于 90°，以 $L-C$ 为基础的传输线可认为是足够均匀的。运用 Bloch-Floquet 理论，色散关系可表示为

$$\beta(\omega) = (1/p)\arccos(1 + ZY/2) \tag{3-7}$$

从式(3-7)可得

$$-4 \leqslant ZY \leqslant 0 \tag{3-8}$$

首先考虑去掉串联电容 C_L 的情况，式(3-8)变为

$$\omega_{r2} \leqslant \omega \leqslant \omega_{r2}\sqrt{1+4\rho} \tag{3-9}$$

式中，$\omega_{r2} = \dfrac{1}{\sqrt{C_R L_L}}$，$\rho = \dfrac{L_L}{L_R}$。

由于单元的电长度很小，采用泰勒近似，式(3-7)可转化为

$$\beta(\omega) = \frac{Z_L}{\omega_{r2}}\sqrt{\omega^2 - \omega_{r2}^2} \tag{3-10}$$

通过式(3-10)画出色散曲线，如图 3-16 所示。

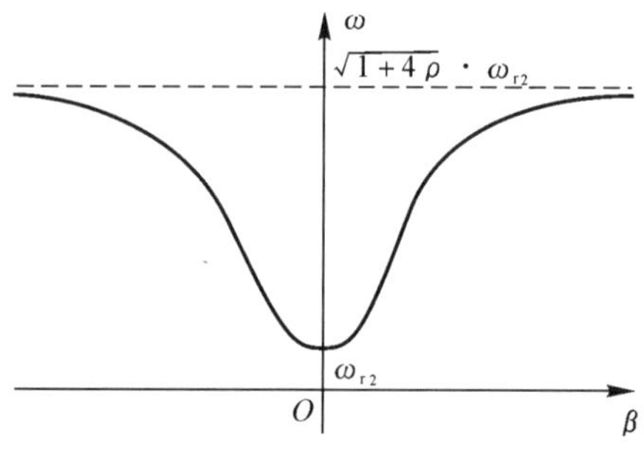

图 3-16　色散曲线

相位可表示为

$$\varphi = -\arctan\left(\frac{\omega\sqrt{C_R L_R}(L_R + 2L_L - \omega^2 C_R L_L L_R)}{L_R + L_L - \omega^2 C_R L_L L_R}\right) \tag{3-11}$$

去掉并联电感 L_L 时的分析方法与去掉串联电容时相同，色散曲线类似，此时相位表达式为

$$\varphi = -\arctan\left(\frac{\omega\sqrt{\frac{C_R}{L_R}}[1 - 2\omega^2 L_R(C_R + C_L)] + \omega^4 C_R L_R^2(C_R + 2C_L)}{\omega^3 C_R L_R(C_R + 2C_L) - \omega(C_R + C_L)}\right) \tag{3-12}$$

根据以上分析，将复合左右手传输线等效电路中的串联电容或并联电感去掉，简化了复合左右手传输线的结构，由图 3-16 可知其色散曲线也是非线性的，同样可以利用单一复合左右手传输线的非线性色散特性设计微波器件。

许多研究人员已对单一复合左右手传输线进行了应用研究：文献[160]利用单一复合左右手传输线设计了微带环天线；文献[15]利用单一复合左右手传输线设计了任意双频器件，相比复合左右手传输线，设计起来更简单易行；文献[161-163]利用单一复合左右手传输线分别设计了 3 种不同的超宽带带通滤波器；文献[164]利用单一复合左右手传输线的零阶谐振特性设计了新颖的带通滤波器；文献[165]仅用串联的集总电容元件设计了双频分支线耦合器；文献[166-168]利用单一复合左右手传输线谐振器的阻带特性分别设计了 3 种不同的具有双陷波特性的超宽带滤波器。从现有文献来看，单一复合左右手传输线主要用来设计宽带滤波器及陷波滤波器，应用于宽带移相器的设计还未见报道。

3.2.3　超宽带移相器设计

文献[162]提出了一种单一复合左右手传输线结构，并利用该结构设计了超宽带带通滤波器。单一复合左右手传输线结构如图 3-17(a)所示，图中黑色部分为金属，最上端的白色圆孔是直径为 D 的接地过孔，提供并联电感。该结构去除了复合左右手传输线等效电路中的串联电容，仅保留并联电感，等效电路如图 3-17(b)所示，图中缺少了构成复合左右手传输线的串联电容，并联电感 L_L 则是对接地过孔的等效。

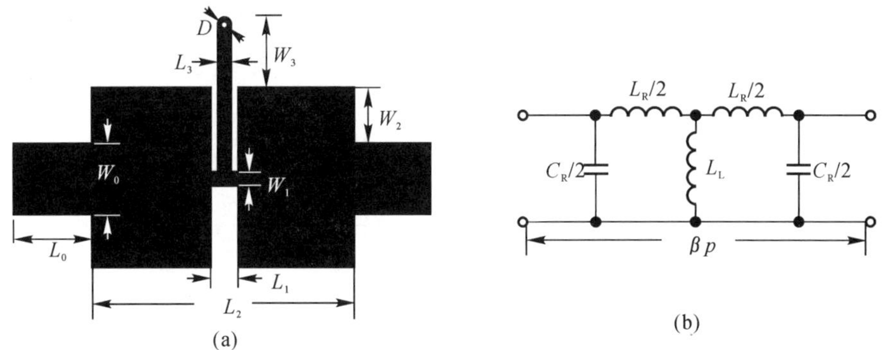

图 3-17　单一复合左右手传输线结构

(a)结构图；(b)等效电路

通过图 3-17(b)所示的等效电路模型可计算出串联阻抗和并联导纳分别为

$$Z(\omega)=\mathrm{j}\omega\left(\frac{L_R^2}{4L_L}+L_R\right) \tag{3-13}$$

$$Y(\omega)=\mathrm{j}\omega C_R+\frac{2}{\mathrm{j}\omega\left(\frac{L_R}{2}+2L_L\right)} \tag{3-14}$$

色散关系为

$$\beta(\omega)=(1/p)\arccos\left(\frac{4L_R+8L_L-4\omega^2L_RC_RL_L-\omega^2L_R^2C_R}{8L_L}\right) \tag{3-15}$$

选择一组电路参数：$L_R=1.12$ nH，$C_R=1$ pF 和 $L_L=3.8$ nH，可以得到电路的色散关系曲线，如图 3-18 所示，可看出仿真结果与理论分析一致。

根据上述设计方法，作为应用实例，利用单一复合左右手传输线的非线性相位特性设计了宽带 45°移相器，采用相对介电常数为 2.65，厚度为 0.8 mm

的介质板,实物照片如图 3-19 所示。在图 3-19 中,上面为单一复合左右手传输线,下面为用来进行相位比较的普通微带线。单一复合左右手传输线结构的两端为长 8 mm,宽 2.2 mm 的 50 Ω 微带线;单一复合左右手结构单元的尺寸为:$L_1=0.7$ mm,$L_2=8.3$ mm,$L_3=0.4$ mm,$W_1=0.4$ mm,$W_2=1.65$ mm,$W_3=2.05$ mm,直径 $D=0.3$ mm。作为相位比较的普通微带线的长度为 29 mm。

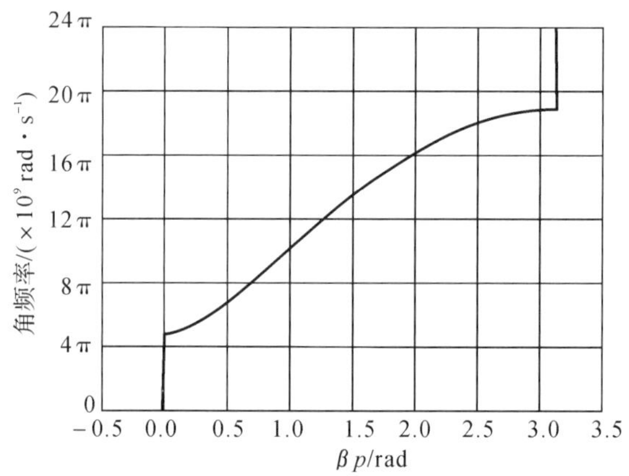

图 3-18 色散曲线仿真结果

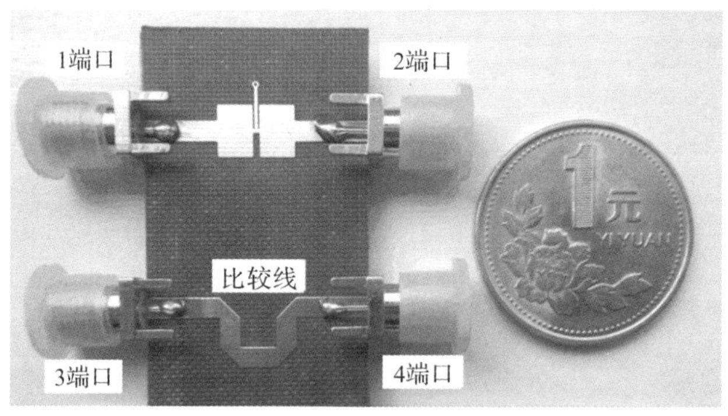

图 3-19 宽带 45°移相器实物图

移相器的幅度和相位差的仿真和实验结果如图 3-20 所示。由图 3-20(a)所示移相器的幅度实验结果可以看出,在 2.6～7.8 GHz(相对带宽为 100%)的频率范围内,反射系数小于−10 dB,最大插入损耗为 0.8 dB;从图 3-20(b)所示移相器的相位差实验结果可以看出,在 2.6～9.4 GHz(相对带宽为 113.3%)的频率范围内，相位差为 45°±5°。综合移相器的幅度和相位差的实验结果，在 2.6～7.8 GHz(相对带宽为 100%)的频率范围内，反射系数小于－10 dB，插入损耗小于 0.8 dB，相位差为 45°±5°。

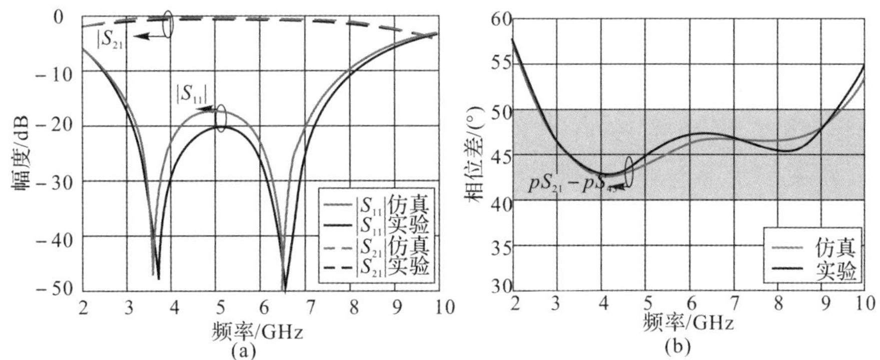

图 3－20　移相器的仿真和实验结果

(a)幅度;(b)相位差

3.3　宽带相移顺序旋转馈电网络设计

由 3.1.2 节中对顺序旋转阵列圆极化特性的分析和 3.1.3 节中对顺序旋转阵列增益特性的分析可知，馈电幅度比和馈电相位差对顺序旋转阵列的圆极化和增益特性影响很大，设计出馈电幅度比一致且具有宽带相位差的顺序旋转馈电网络可提高阵列的圆极化特性和增益特性。

微带阵列的馈电网络主要有串馈和并馈两种基本方式。串馈网络具有结构简单和损耗小的优点，但也有“频扫”的缺点，而并馈网络具有馈电幅度和相位稳定的优点，缺点是馈电结构复杂，馈电网络损耗大。在条件允许的情况下，可采用带有隔离电阻的馈电网络，以提高输出端口间的隔离度。顺序旋转阵列的馈电网络一般采用并馈的方式，有利于提高阵列的轴比性能。

本节基于 3.2 节提出的单一复合左右手传输线宽带移相器的设计方法，设计具有宽带相位差的顺序馈电网络。顺序旋转阵列馈电网络主要包括 90°移相器、90°移相功分器、180°移相器和 180°移相功分器，其中，设计难点主要是宽带 90°移相器和宽带 180°移相器。

3.3.1 宽带 90°移相器

利用两个单一复合左右手传输线结构级联设计宽带 90°移相器，采用相对介电常数为 2.65，厚度为 0.8 mm 的聚四氟乙烯介质板，如图 3-21 所示。移相器结构两端 50 Ω 微带线的长度为 10 mm，两单元间的微带线长度为 6 mm；单一复合左右手传输线单元的尺寸与 3.2.3 节中的宽带 45°移相器相同，作为相位比较的普通微带线的长度为 56.7 mm。

在宽带 90°移相器的基础上设计了宽带 90°移相功分器，如图 3-22 所示。该 90°移相功分器由两部分组成，一部分是二等分功分器；另一部分是基于单一复合左右手传输线的宽带 90°移相器，为获得良好的输出端口间的隔离度，采用威尔金森功分器结构。

图 3-23 所示为宽带 90°移相器的幅度和相位差的仿真和实验结果。由图 3-23(a)所示移相器的幅度实验结果可以看出，在 2.7～8.7 GHz 的频率范围内，反射系数小于－10 dB，在 2.8～8.6 GHz 的频率范围内，最大插入损耗为 0.7 dB；从图 3-23(b)所示移相器相位差的实验结果可以看出，在 2.9～8.4 GHz 的频率范围内，相位差为 90°±5°。综合移相器的幅度和相位差的实验结果，在 2.9～8.4 GHz 的频率范围内(相对带宽为 97.3%)，反射系数小于－10 dB，插入损耗小于 0.7 dB，相位差为 90°±5°。

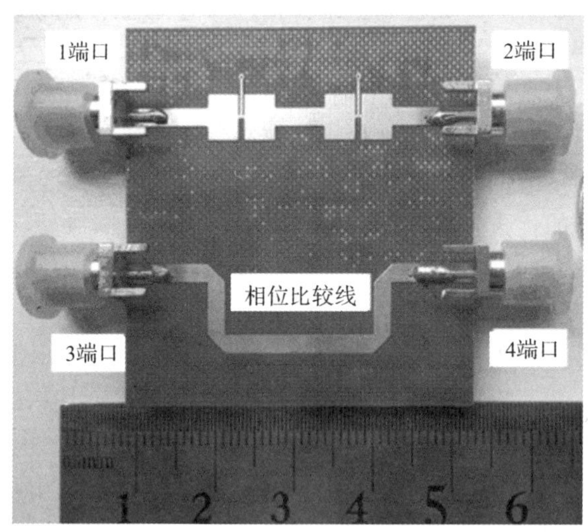

图 3-21 宽带 90°移相器

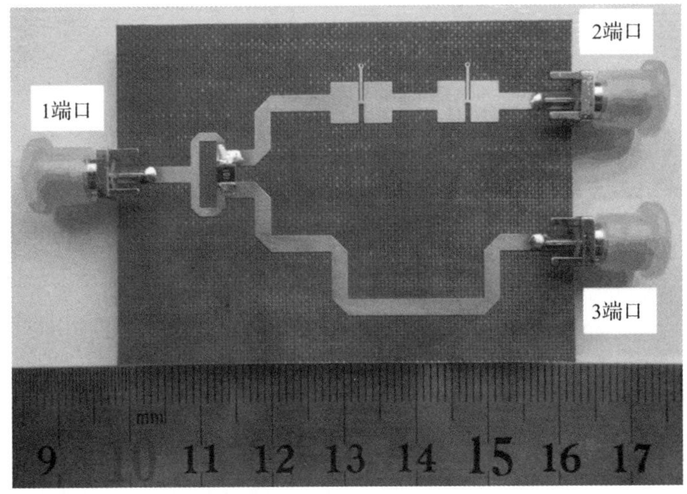

图 3-22　宽带 90°移相功分器

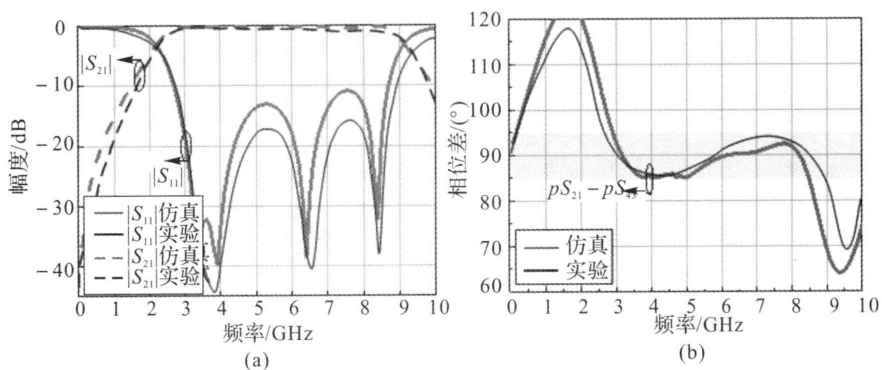

图 3-23　宽带 90°移相器的仿真和实验结果

(a)幅度;(b)相位差

图 3-24 所示为宽带 90°移相功分器的仿真和实验结果。由实验结果可以看出,在 2.8～8.5 GHz 的频率范围内,各端口反射系数均小于－10 dB;在 2.8～9 GHz 的频率范围内,输出端口间的隔离度大于 15 dB;在 2.5～8.5 GHz的频率范围内,输出端口间的幅度差小于 0.5 dB;在 2.8～8.8 GHz 的频率范围内,输出端口间的相位差为 90°±5°。

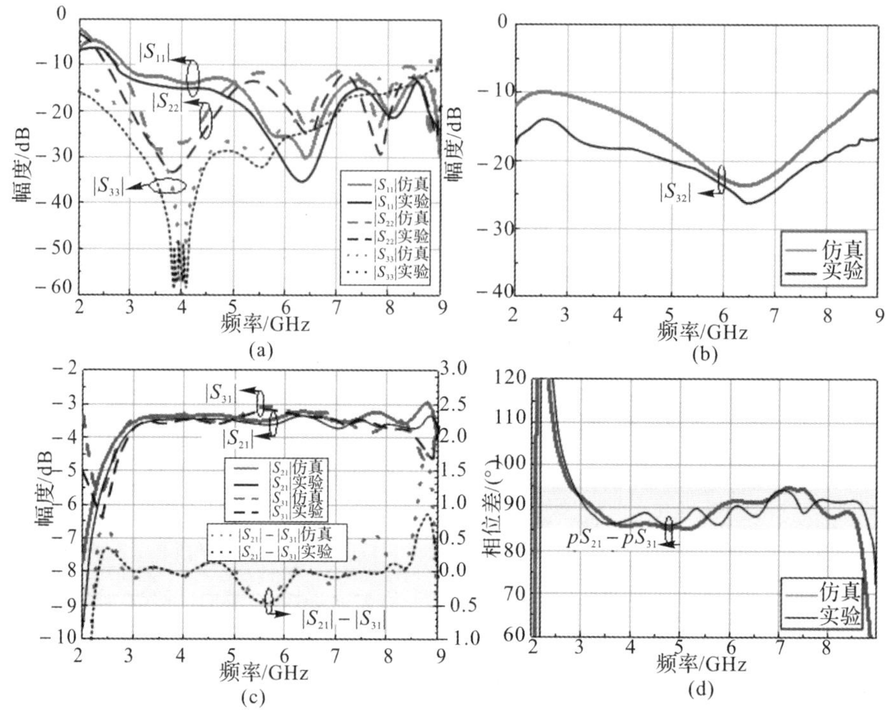

图 3-24　宽带 90°移相功分器的仿真和实验结果

(a)反射系数;(b)隔离系数;(c)传输系数;(d)输出端口相位差

3.3.2　宽带 180°移相器

通过四个单一复合左右手传输线结构级联设计宽带 180°移相器,采用相对介电常数为 2.65,厚度为 0.8 mm 的聚四氟乙烯介质板,实物如图 3-25 所示。移相器两端 50 Ω 微带线的长度为 10 mm,单元间的微带线长度为6 mm;单一复合左右手传输线结构单元的尺寸与 3.2.3 节中的宽带 45°移相器相同。作为相位比较的普通微带线的长度为 91.8 mm。在此基础上设计了宽带 180°移相功分器,如图 3-26 所示。

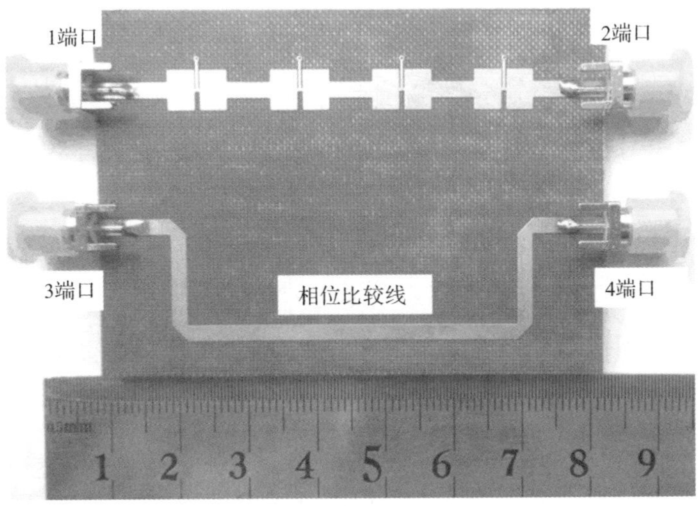

图 3-25　宽带 180°移相器

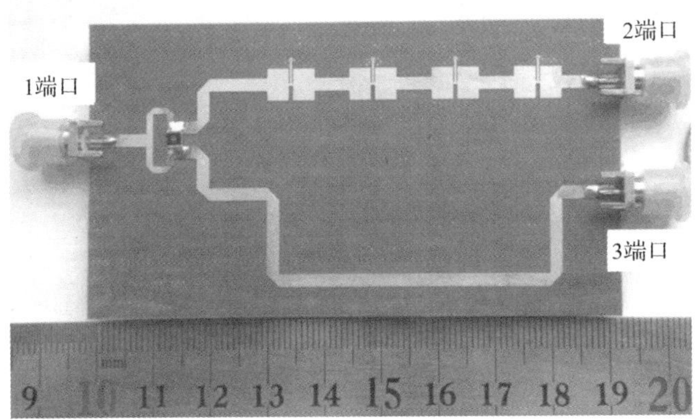

图 3-26　宽带 180°移相功分器

图 3-27 所示为宽带 180°移相器的幅度和相位差的仿真和实验结果。由图 3-27(a)所示幅度实验结果可以看出，在 2.7～9 GHz 的频率范围内，反射系数小于－10 dB，在 2.8～9 GHz 的频率范围内，最大插入损耗为 0.7 dB；由图 3-27(b)所示相位差的实验结果可以看出，在 3.5～8.4 GHz 的频率范围内，相位差为 180°±5°。

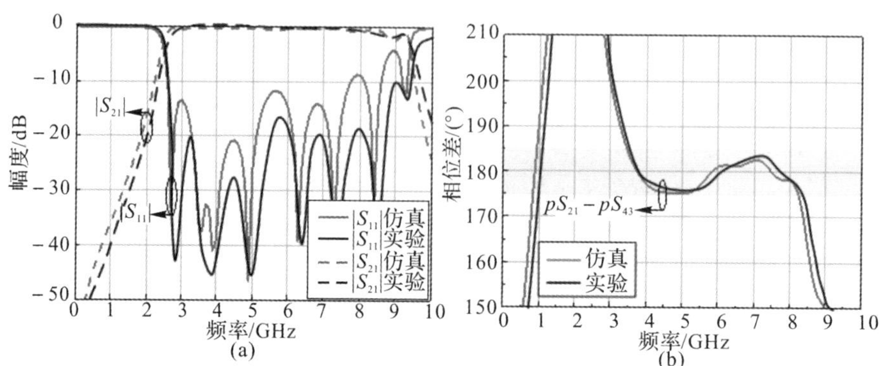

图 3-27　宽带 180°移相器的仿真和实验结果

(a)幅度;(b)相位差

图 3-28 所示为宽带 180°移相功分器的仿真和实验结果。由实验结果可以看出,在 3～8.5 GHz 的频率范围内,反射系数小于－10 dB;在 2.8～9 GHz的频率范围内,输出端口间的隔离度大于 17 dB;在 2.8～8.3 GHz 的频率范围内,输出端口间的幅度差小于 0.6 dB;在 3～8.3 GHz 的频率范围内,输出端口间的相位差为 180°±5°。

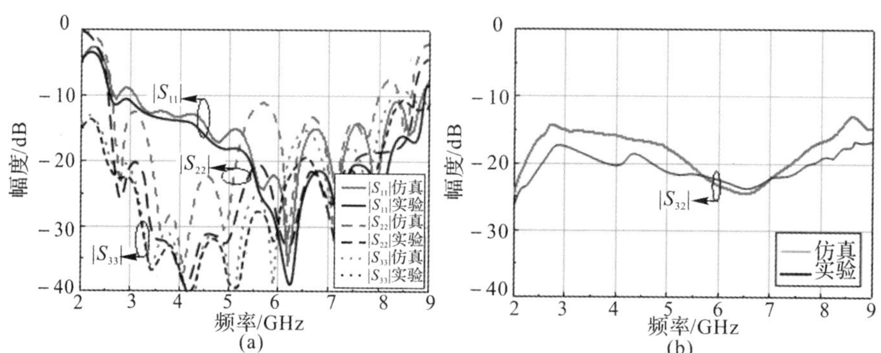

图 3-28　宽带 180°移相功分器的仿真和实验结果

(a)反射系数;(b)隔离系数

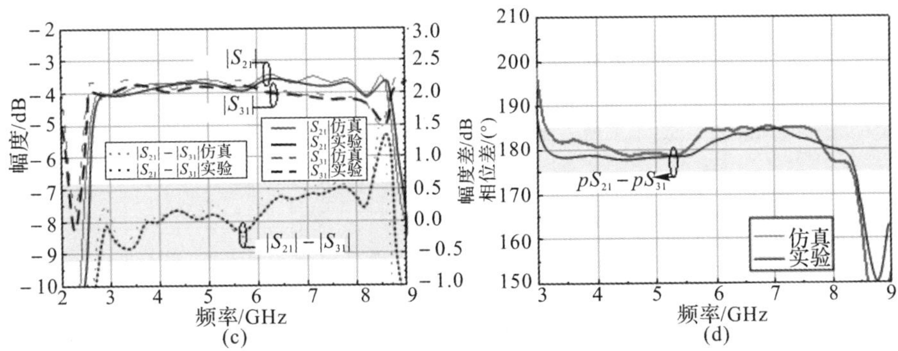

续图 3-28　宽带 180°移相功分器的仿真和实验结果

(c)传输系数；(d)输出端口相位差

3.3.3　宽带相移顺序旋转馈电网络

在 3.3.1 节宽带 90°移相器和宽带 90°移相功分器以及 3.3.2 节宽带 180°移相器和宽带 180°移相功分器的基础上，本节设计了具有宽带相位差的 4 元顺序旋转并馈网络，并设计了传统顺序旋转并馈网络作为对比，如图 3-29 所示。对其进行仿真，得到两种网络的馈电幅度和馈电相位差的仿真结果，分别如图 3-30 和图 3-31 所示。

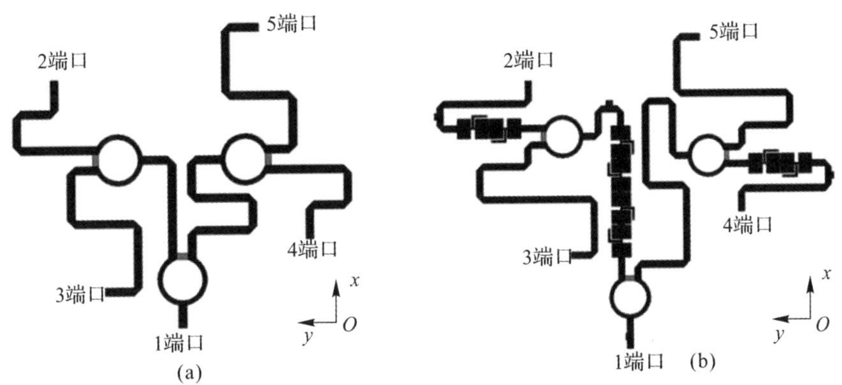

图 3-29　平面 4 元阵列的顺序旋转馈电网络示意图

(a)传统并馈方式；(b)提出的并馈方式

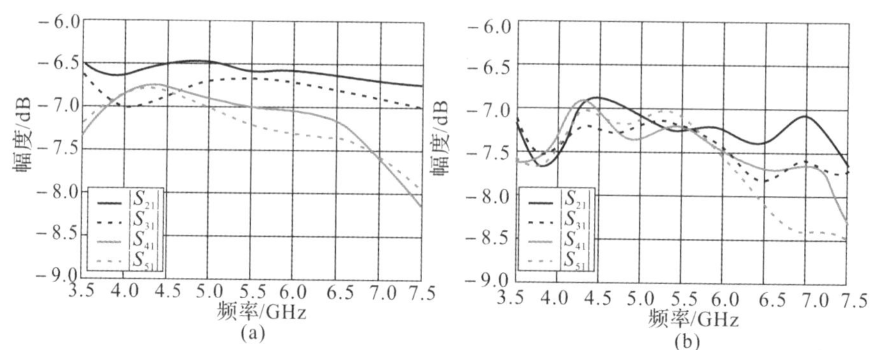

图 3-30 馈电网络的馈电幅度的仿真结果

(a)传统并馈方式;(b)提出的并馈方式

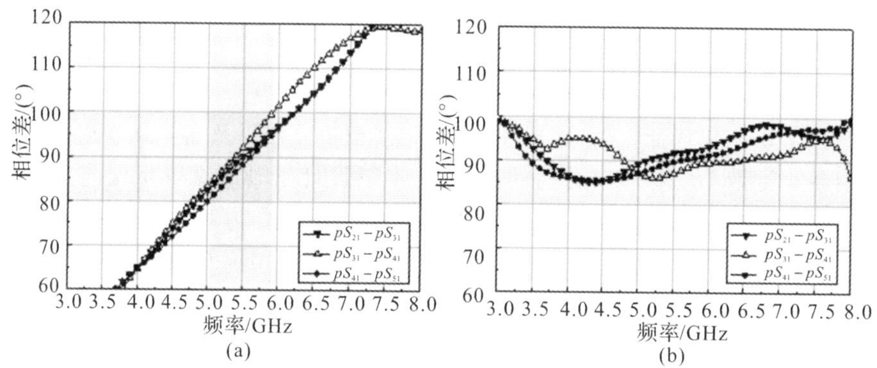

图 3-31 馈电网络的馈电相位差的仿真结果

(a)传统并馈方式;(b)提出的并馈方式

由图 3-30(a)可看出,在 3.5～7.5 GHz 的频率范围内,传统并馈网络的幅度最大相差 1.5 dB,由图 3-30(b)可看出,所提出的并馈网络的端口间输出功率幅度最大相差 1.3 dB。对于结构对称并具有良好输出端口隔离度的并馈网络,其端口间的输出功率应该是一致的。这两种并馈网络的输出端口间的功率存在一定的差别,主要是因为馈电结构不对称,每级的馈线长度不相等造成的。所提出的并馈网络的输出功率比传统并馈网络的输出功率略低,即提出的并馈网络的损耗较大,分析其原因是:在提出的并馈网络中,为嵌入宽带的 90°和 180°移相线,增大了馈线的长度,带来了更多的损耗,且微带馈线要经过多次弯折,弯角增加了辐射和不匹配造成的损耗[169-172]。

由图 3-31 可以看出,传统并馈方式相邻输出端口间 90°相位差在 5～5.9 GHz 的频率范围内保持在±10°,这是由传统微带线的线性相位决定的;

所提出的并馈方式相邻输出端口间 90°相位差在 3～8 GHz 的频率范围内始终保持在±10°,这主要是单一复合左右手传输线的非线性相位特性决定的。由图 3－31 可以看出,设计结果与理论分析是一致的。

3.4　宽带圆极化天线阵列设计

根据 3.1.2 节中对顺序旋转阵列圆极化特性的分析和 3.1.3 节中对顺序旋转阵列增益特性的分析可知,单元的极化特性、馈电幅度比和馈电相位差对顺序旋转阵列的圆极化特性和增益特性影响很大。因此在设计天线阵列时,应选择圆极化的宽带天线单元,且馈电网络在很宽的频带内应保持幅度相等和相位差恒定。本节采用 3.2 节和 3.3 节提出的基于单一复合左右手传输线的宽带移相馈电网络,并结合宽带圆极化天线单元,设计宽带圆极化 4 元天线阵列。

3.4.1　宽带圆极化天线单元设计

顺序旋转阵列对辐射单元的极化方式没有特别要求,可以是圆极化、椭圆极化甚至是线极化。辐射单元可以是微带贴片天线、极子天线、圆环天线或喇叭天线等。顺序旋转阵列的工作带宽主要取决于辐射单元的驻波带宽[173]。对于微带结构的顺序旋转阵列来说,采用多层贴片单元和耦合馈电单元能有效增加阵列带宽。

设计宽频带的顺序旋转阵列,对辐射单元的要求有[131]:①驻波比小,驻波带宽尽量宽,因为驻波比小的辐射单元,能减小对馈电网络不平衡的影响,同时能提高阵列的辐射效率;②圆极化性能好,轴比带宽尽量宽,因为圆极化性能好的单元,组成阵列的交叉极化鉴别率会更高,同时阵列的交叉极化损失会减小;③便于组阵,辐射单元的设计要充分考虑天线组阵的需要,方便组成大的天线阵列;④加工难度小,这不仅是出于加工成本方面的考虑,也是出于天线阵列可实现的角度考虑。

经过综合分析比较,为满足天线的宽频工作特性,在进行阵列单元选取时,采用了常用来扩展频带宽度的层叠结构,如图 3－32 所示。在下层贴片某一边的中部利用微带线进行共面馈电,上层贴片作为寄生单元,谐振在较低的频段,下层贴片作为激励单元,其谐振在较高的频段。这样,两个贴片形成了两个谐振回路,通过适当调整单元的尺寸与两贴片间的距离,使两谐振频率适当接近,便形成了频带展宽的双峰谐振回路[174]。这种结构理论成熟,实现圆极化方式简单，驻波带宽较宽，且具有一定的圆极化带宽，同时，辐射单元与馈电网络分布在同一平面上，加工误差较小。

这种层叠结构设计具有以下优点：一方面顶层薄基片结合空气层可有效抑制高次模和表面波的激励，并对已产生的高次模和表面波有束缚作用，从而改善了交叉极化电平；另一方面可有效地增加阻抗带宽；同时，将寄生单元放在顶层介质的下表面，可以利用顶层介质作为天线罩，起到保护天线的作用[175-176]。

底层介质板选择 $\varepsilon_{r1}=2.65$，$h_1=0.5$ mm 的聚四氟乙烯板，中间为 $h_2=3.5$ mm 的空气层，顶层介质板选择 $\varepsilon_{r3}=4.1$，$h_3=1.5$ mm 的聚酰亚胺板，因为聚酰亚胺板硬度比较大，不易变形，十分适用于具有空气层的层叠结构。辐射贴片尺寸为：$L_1=17.3$ mm，切角 $\Delta L_1=4$ mm；寄生贴片尺寸为：$L_2=17.2$ mm，切角 $\Delta L_2=3.8$ mm。为调节匹配，在距离贴片 1.5 mm 处的馈线上加载一段长 4 mm，宽 1.36 mm 的匹配支节。

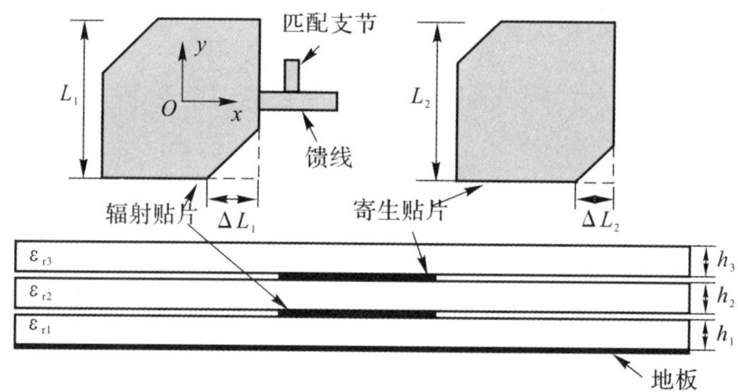

图 3-32　层叠结构的宽带圆极化微带天线单元结构图

单元的驻波比仿真结果如图 3-33 所示，驻波比小于 2 的频带范围为 4.8～6.2 GHz（相对带宽为 25.45%），在较宽的频带内具有良好的驻波特性；轴比仿真结果如图 3-34 所示，3 dB 轴比带宽的频率范围为 5.15～5.65 GHz（相对带宽为 9.26%），并呈现出明显的双峰谐振特性；主辐射方向上增益随频率的仿真结果如图 3-35 所示，在中心频率 5.5 GHz 处单元的增益为 9.6 dB，在 6.1 GHz 处增益最大为 10.1 dB；图 3-36～图 3-38 所示分别为中心频率 5.5 GHz 处和 3 dB 轴比带宽的低端 5.15 GHz 及高端 5.65 GHz 处的归一化方向图，可看出天线实现了右旋圆极化工作，且具有较低的交叉极化电平。

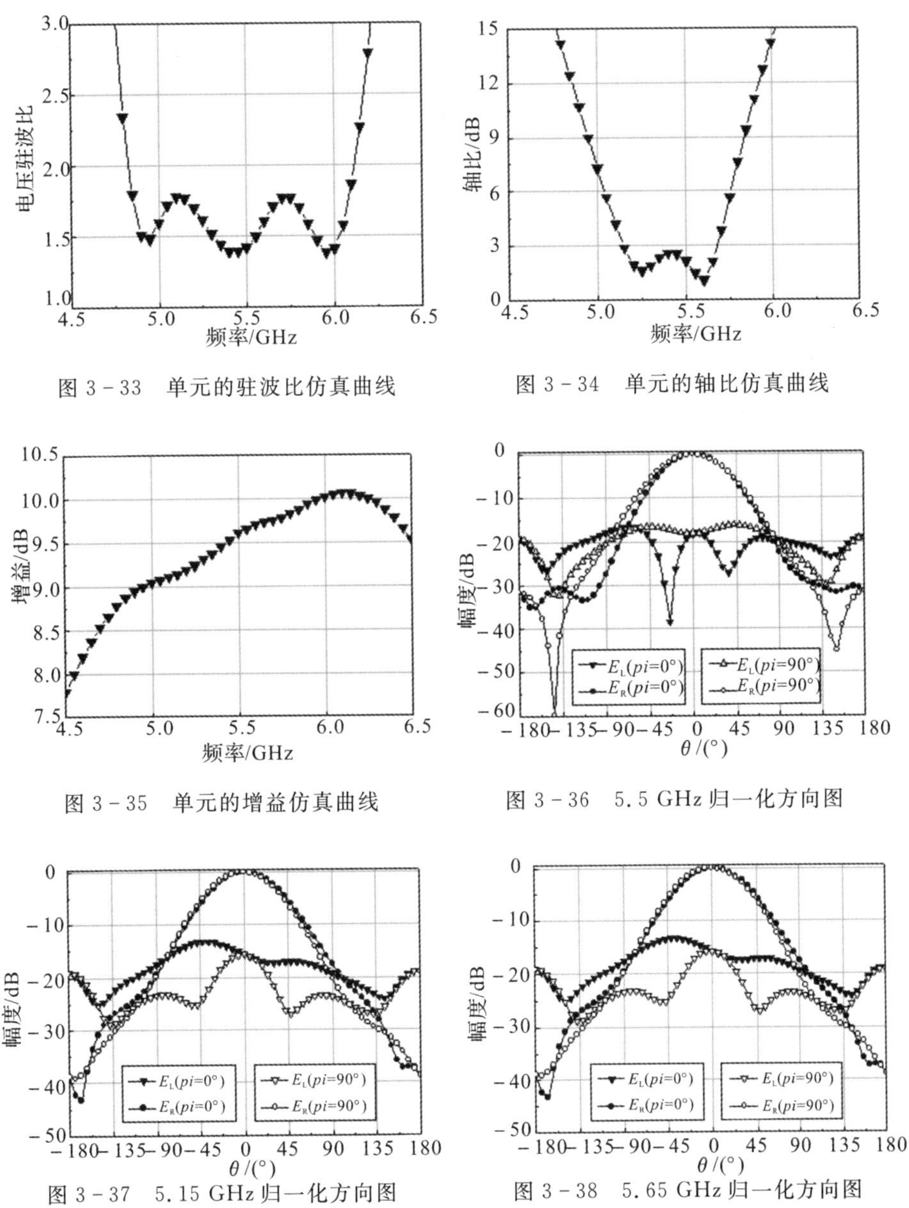

图 3-33 单元的驻波比仿真曲线

图 3-34 单元的轴比仿真曲线

图 3-35 单元的增益仿真曲线

图 3-36 5.5 GHz 归一化方向图

图 3-37 5.15 GHz 归一化方向图

图 3-38 5.65 GHz 归一化方向图

3.4.2 天线阵列仿真结果及分析

结合宽带圆极化天线单元，采用传统顺序馈电网络和提出的具有宽带相位差的顺序馈电网络分别设计了平面 4 元阵列，单元间距均取为 44 mm (0.8 λ_0)，λ_0为中心频率 5.5 GHz 对应的波长。仿真结果如图 3－39～图 3－42 所示。

由图 3－39 所示的驻波比对比曲线可看出，传统顺序旋转天线阵列在 6.6 GHz驻波比稍大，而所提出的宽带相位差的顺序旋转天线阵列在 4～7 GHz 的频带范围内驻波比均小于 2；由图 3－40 所示的轴比随频率变化的对比曲线可看出，传统阵列的 3 dB 轴比范围为 4.7～6.4 GHz，提出阵列的 3 dB 轴比范围为 4.4～6.7 GHz，且轴比特性更好，这主要是因为相邻馈点间的相位差在很宽的范围都保持在 90°，原理在 3.1.2 节已经进行了分析；由图 3－41 的极化分量曲线对比可看出，传统阵列的第一副瓣较提出的阵列高；由图 3－42 的增益对比曲线可看出，所提出阵列的增益较传统阵列普遍提高 0.55 dB 左右，其原因在 3.1.3 节已经进行了分析。

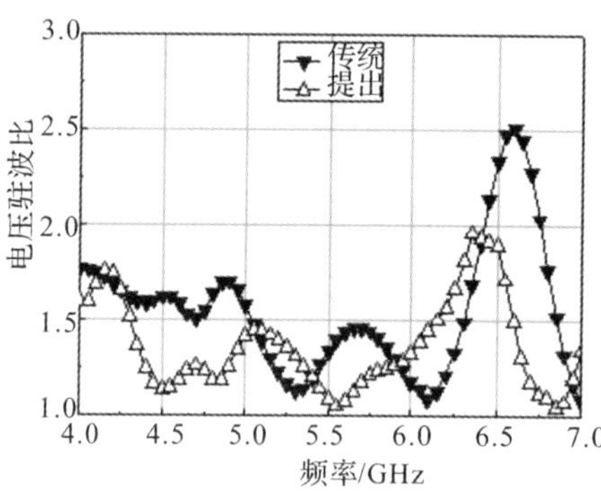

图 3－39 驻波比仿真曲线对比

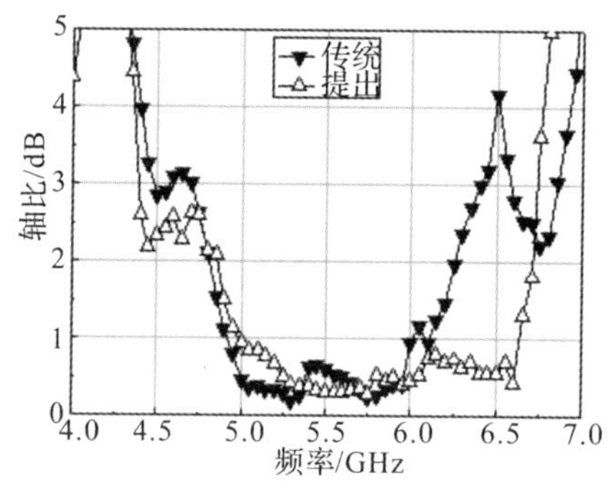

图 3－40 轴比随频率变化的仿真曲线对比

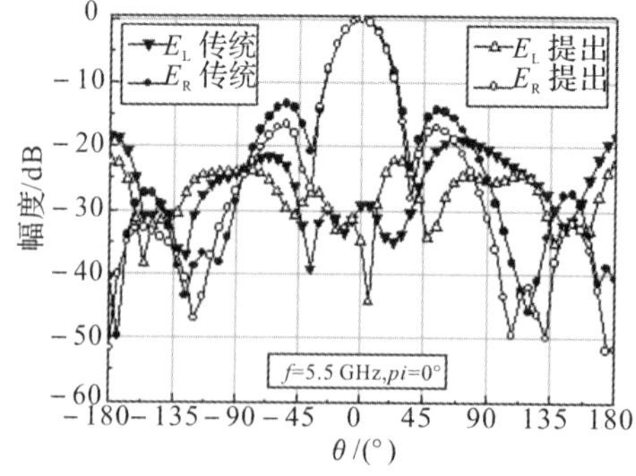

图 3－41 极化分量仿真曲线对比

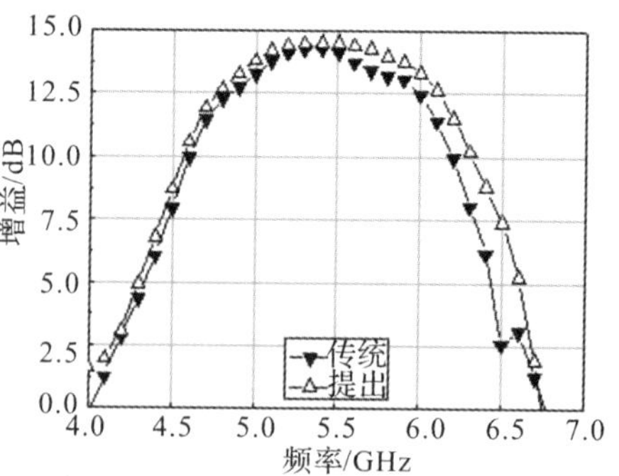

图 3－42 增益仿真曲线对比

3.4.3　天线阵列实验结果及分析

对基于单一复合左右手传输线顺序旋转馈电的宽带 4 元圆极化天线阵列进行了实物加工。对天线阵列测试时，将线极化标准喇叭作为发射天线，待测天线作为接收天线，绕转轴转动[177]。需要说明的是，在进行远场测量时，由于没有合适的圆极化天线作为发射源，采用线极化天线代替，因而天线的交叉极化电平未能测出。本章所设计天线阵列的测试主要包括驻波比、轴比、方向图和增益。

天线阵列实物如图 3-43 所示，天线阵列尺寸为 100 mm×100 mm；天线阵列的驻波比实验曲线如图 3-44 所示；轴比随频率变化的实验曲线如图 3-45 所示；在中心频率 5.5 GHz、低频 5 GHz 和高频 6 GHz，实测的 $\varphi=0°$，$\varphi=90°$面（天线阵列和坐标系的关系与图 3-29 一致）的方向图分别如图 3-46～图 3-48 所示；增益随频率变化的实验曲线如图 3-49 所示。

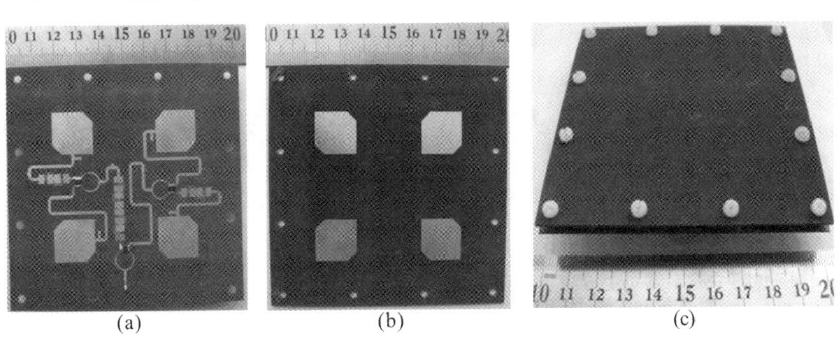

图 3-43　天线阵列的实物图

(a)激励贴片俯视图；(b)寄生贴片背视图；(c)阵列组装图

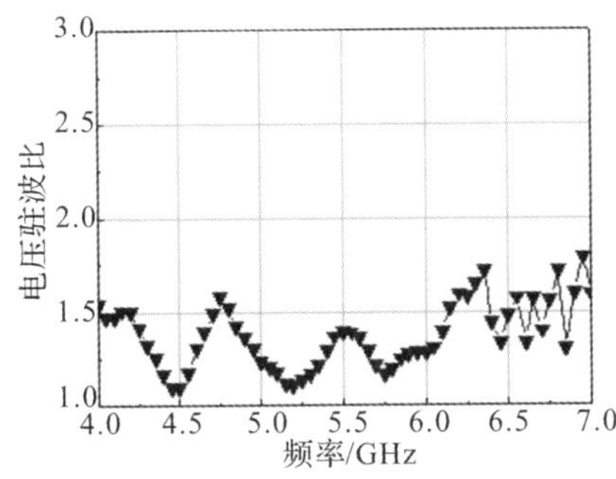

图 3-44　驻波比实验曲线

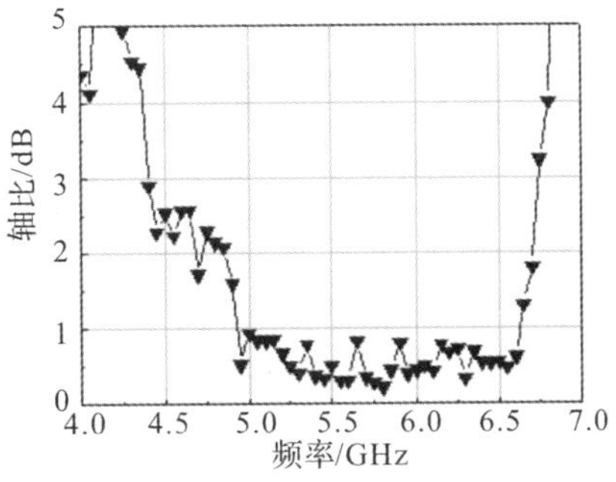

图 3-45　轴比随频率变化的实验曲线

由图 3-44 可看出，天线阵列在中心频率 5.5 GHz 处的实测驻波比为 1.39；驻波比最小值出现在 4.5 GHz 处，其值为 1.09；天线阵列在 4～7 GHz 的范围内满足驻波比小于 2。实验结果表明，此天线阵列具有良好的匹配特性，且匹配特性优于图 3-39 所示的仿真结果。良好的匹配特性主要有两个原因：一是同轴接头及实验环境的影响；另一方面是由于天线阵列的馈电网络较大，造成插入损耗的增大，降低了由阻抗不匹配而引起的反射波信号强度。

由图 3-45 可看出，轴比的实验结果与图 3-40 所示的轴比仿真结果一致。在中心频率 5.5 GHz 处的轴比为 0.52 dB，天线阵列 3 dB 轴比的范围为 4.4～6.8 GHz（相对带宽为 42.8%），2 dB 轴比的范围为 4.85～6.7 GHz（相对带宽为 32%），1 dB 轴比的范围为 4.95～6.6 GHz（相对带宽为 28.6%）。实验结果表明，此天线阵列具有良好的圆极化特性，天线阵列良好的圆极化特性主要来自于单一复合左右手传输线实现的宽频相位差的顺序旋转馈电的贡献。

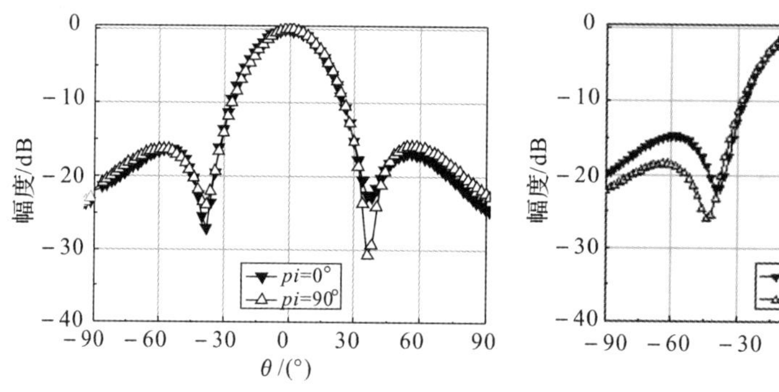

3-46　天线阵列 5.5 GHz 的方向图曲线

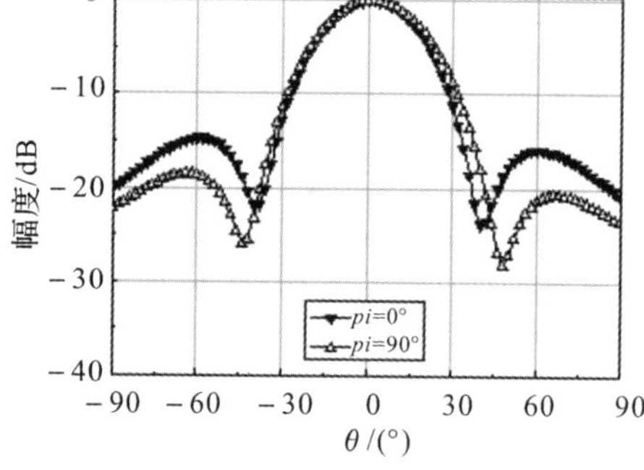

图 3-47　天线阵列 5 GHz 的方向图曲线

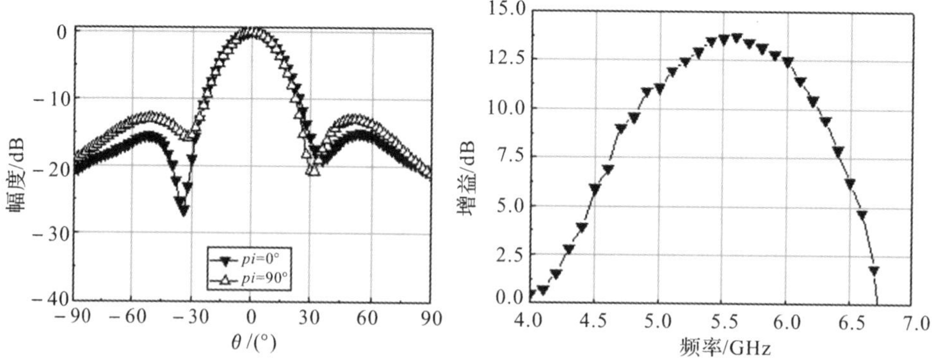

图 3-48　天线阵列 6 GHz 的方向图曲线　图 3-49　天线阵列的增益随频率变化的实验曲线

由图 3－46 可看出，在中心频率 5.5 GHz，$\varphi=0°$面方向图对称，3 dB 波束宽度为 28°，副瓣电平为－16.36 dB，$\varphi=90°$面方向图对称，3 dB 波束宽度为 28°，副瓣电平为－15.93 dB。由图 3－47 和图 3－48 可以看出，在低频点 5 GHz和高频点 6 GHz 处，方向图也比较对称。

由图 3－49 可看出，在中心频率 5.5 GHz 处的实测增益为 13.6 dB，天线阵列的最大增益达到 13.7 dB。增益的实验结果与仿真结果相比，下降了 1.1 dB左右，这主要是由于微带馈线的欧姆损耗造成的，其他还有阻抗失配损失、极化增益损失及接头损耗等。实验结果表明，此天线阵列具有良好的增益特性。

3.5　小　　结

利用功分器等组合电路将圆极化天线单元或线极化天线单元组合起来可构成圆极化贴片天线阵列，天线的圆极化性能可以较明显地改善，如增益显著提高，轴比带宽显著增大。本章采用复合左右手传输线结合顺序旋转馈电技术设计了宽带圆极化天线阵列。

(1)深入分析了顺序旋转阵列中天线单元的极化特性、馈电幅度比和馈电相位差对阵列圆极化特性和增益特性的影响。由分析可知，天线单元的极化特性、馈电幅度比和馈电相位差对顺序旋转阵列的圆极化和增益特性影响很大。

(2)根据复合左右手传输线的宽带移相特性，提出了基于单一复合左右手传输线宽带移相器的设计方法。从理论上分析了单一复合左右手传输线的色散特性，给出了相移常数的表达式；提出了利用单一复合左右手传输线的非线性相位特性实现宽带移相器的设计方法，相比复合左右手传输线，该方法简单易行。

(3)根据提出的单一复合左右手传输线宽带移相器的设计方法，分别设计了宽带 90°和 180°移相器，以及具有宽带相位差的 4 元顺序旋转馈电网络；结合宽带圆极化天线单元设计了 4 元宽带圆极化天线阵列，实验结果表明，所设计天线比传统 4 元天线阵列具有更宽的轴比带宽和更高的增益。

第4章　基于复合左右手移相器的双圆极化和差波束形成网络

单脉冲天线系统是单脉冲雷达系统的关键部件，它是实现自由空间传播的电磁波能量与发射或接收的导行波能量之间转换的设备，也是决定探测距离和测角精度的关键设备之一，因此，开展对单脉冲天线系统的研究具有非常重要的意义。波束形成网络是单脉冲天线阵列能否实现和差功能的关键部件，获取网络各个端口的幅度及相位信息是设计波束形成网络的前提[178]。

在现代侦察系统中，被动侦察对来波的频率以及极化方式都是未知的，因此需要采用超宽带的双圆极化天线进行侦收。天线一般采用抛物面的形式，结合超宽带馈源及双圆极化波束形成网络构成整个天馈线系统。信号侦收后为了跟踪，需要采用单脉冲和差波束体制[179]。本章所要设计的馈电网络需要具有左/右旋双圆极化的和差性能，即需要实现左旋圆极化和波束、右旋圆极化和波束、左旋圆极化差波束以及右旋圆极化差波束4个波束。

文献[179-184]对圆极化单脉冲天线阵列的波束形成网络进行了研究：文献[179]设计了一种宽带8路双圆极化天线阵列的波束形成网络，采用重入式结构的3 dB电桥与B型Schiffman移相器构建了矩形同轴线形式的波束网络；文献[180-181]给出了6单元和差波束形成网络的设计，推导了超宽带单脉冲阵列馈源波束形成网络的幅相关系；文献[182]采用与文献[179]相同的馈电网络结构设计了宽频带双圆极化单脉冲馈源；文献[183]对6路圆极化波束形成网络进行了深入分析；文献[184]设计了6单元和差波束形成网络，该网络主要由和差器、90°移相器、耦合器以及极化电桥等组成。文献[179-184]中设计的网络具有类似的结构，布线相互交错，拓扑结构复杂，不利于推广。

针对上述网络设计存在的问题，本章利用3.2节提出的单一复合左右手传输线宽带移相器的设计方法实现宽带双圆极化和差波束形成网络。在文献[178-179]的基础上简化圆极化单脉冲阵列天线的波束形成网络，从和波束形成网络与差波束形成网络两个方面进行分析与设计。首先，给出并计算验证8元顺序旋转圆极化天线阵列中产生和波束与差波束的馈电相位表达式；其次，给出实现和差波束幅相关系的和波束形成网络及差波束形成网络的拓扑结构，并详细分析其工作原理；最后，利用提出的单一复合左右手传输线宽带移相器的设计方法分别设计宽带 45°移相器、宽带 90°移相器及宽带 180°移相器，并结合三分支 3 dB 分支线耦合器及威尔金森功分器，分别设计宽带双圆极化和波束形成网络及差波束形成网络。

4.1　和差网络馈电相位分析

由 3.1.1 节顺序旋转阵列的理论分析，对旋转对称排列的圆形阵列天线，通过等幅顺序相位馈电的方式，模拟沿传播方向旋转的电场方向，通过馈电相位的滞后来模拟电场旋转，形成圆极化波束。

工程应用上的双圆极化超宽带馈源与波束形成网络一般工作在 1～12.4 GHz的频段范围，虽然阵列馈源可覆盖整个频率范围，但由于微波各元件带宽的限制，不能覆盖整个频率范围，所以工程应用上波束形成网络按 1～2 GHz，2～4 GHz，4～8 GHz 以及 8～12.4 GHz 四个频段分别进行设计，本章主要对 8～12.4 GHz 频段的波束形成网络进行研究。由文献[180 - 181]可知，频率越高，网络设计的难度越大，因此，本设计的挑战性是比较大的。

组成圆极化阵列的单元数 N 一般为偶数，可以是 4 个、6 个或更多。图 3 - 1 所示的顺序馈电的圆极化阵列，其合成电场矢量的表达式可写为

$$\boldsymbol{E}_N = \sum_{i=1}^{N} \boldsymbol{a}_i \mathrm{e}^{\mathrm{j}\theta_i} \tag{4-1}$$

式中，$\boldsymbol{a}_i$ 为第 i 个辐射单元的电场矢量，θ_i 为第 i 个辐射单元的激励相位。

对各单元按照顺序旋转阵列的要求进行馈电，可以产生圆极化和波束。最简单的顺序旋转馈电是两个正交放置的线极化天线，馈电端口有 90°的相位差。

而对差波束来说，当单元数为 4 时，差波束的合成矢量为

$$\boldsymbol{E}_4 = \boldsymbol{a}_1 \mathrm{e}^{\mathrm{j}0} + \boldsymbol{a}_2 \mathrm{e}^{\mathrm{j}\pi} + \boldsymbol{a}_3 \mathrm{e}^{\mathrm{j}0} + \boldsymbol{a}_4 \mathrm{e}^{\mathrm{j}\pi} = (\boldsymbol{a}_1 + \boldsymbol{a}_3) - (\boldsymbol{a}_2 + \boldsymbol{a}_4) \tag{4-2}$$

由式(4 - 2)可看出，4 元差波束为线极化波束。

当单元数为 6 时，差波束的合成矢量为

$$\boldsymbol{E}_6 = \boldsymbol{a}_1 \mathrm{e}^{\mathrm{j}0} + \boldsymbol{a}_2 \mathrm{e}^{\mathrm{j}\frac{2}{3}\pi} + \boldsymbol{a}_3 \mathrm{e}^{\mathrm{j}\frac{4}{3}\pi} + \boldsymbol{a}_4 \mathrm{e}^{\mathrm{j}0} + \boldsymbol{a}_5 \mathrm{e}^{\mathrm{j}\frac{2}{3}\pi} + \boldsymbol{a}_6 \mathrm{e}^{\mathrm{j}\frac{4}{3}\pi} \tag{4-3}$$

可化为

$$\boldsymbol{E}_6 = (\boldsymbol{a}_1 + \boldsymbol{a}_4) - \frac{1}{2}(\boldsymbol{a}_2 + \boldsymbol{a}_5) - \frac{1}{2}(\boldsymbol{a}_3 + \boldsymbol{a}_6) + \mathrm{j}\frac{\sqrt{3}}{2}(\boldsymbol{a}_2 + \boldsymbol{a}_5) - \mathrm{j}\frac{\sqrt{3}}{2}(\boldsymbol{a}_3 + \boldsymbol{a}_6) \tag{4-4}$$

由式(4-4)可看出,6 单元形成的差波束为圆极化波束,而 4 单元形成的差波束为线极化波束。因此,要得到双圆极化和差波束,至少需要 6 个以上的单元组阵。天线单元数越多,圆极化天线的轴比越好,组成圆极化天线阵列的电磁场越连续,其容差性越好。为了提高天线的轴比,序列馈电点越多越好,但馈电点太多,会导致网络过于复杂。而 8 路波束形成网络的对称性比 6 路好,所以本章充分考虑了网络的复杂性及天线的轴比,最终采用 8 路波束形成网络。

现在分别对圆极化和波束形成网络及圆极化差波束形成网络的馈电相位进行分析。规定负的为相位滞后,正的为相位超前。

4.1.1 和网络相位分析

实现圆极化单脉冲天线和波束的馈电相位,与普通的顺序旋转天线阵列的馈电相位是一致的。因此,可按照 3.1.1 节推导的相位特性进行馈电,即满足 $\varphi_{ei}=(i-1)\dfrac{p\pi}{N}$ 的要求。以 8 路和波束形成网络为例,天线阵列排布如图 4-1 所示。

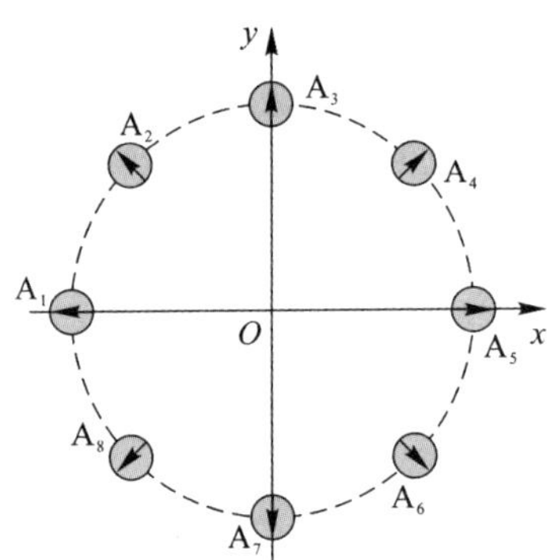

图 4-1 8 元环形顺序旋转阵列天线的空间分布示意图

波束形成网络有 8 个输出端口网络,各输出端口的排序与图 4-1 所示的单元相对应,由式(3-1)及式(3-2),可得出和波束形成网络的端口相位值应满足的相位关系(见表 4-1)。在此,以天线 A_1 的相位为基准。

表 4-1 8 路和波束形成网络的端口相位值 单位:°

	A_1	A_2	A_3	A_4	A_5	A_6	A_7	A_8
左旋和端口	0	−45	−90	−135	−180	−225	−270	−315
右旋和端口	0	45	90	135	180	225	270	315

对上述阵列的圆极化和波束馈电相位特性进行计算验证。天线单元采用寄生贴片结构(具体结构可参阅图 3-32),上下两层为微带介质板,相对介电常数分别为 4.1 与 2.65,厚度分别为 1.5 mm 与 0.5 mm;中间空气层厚度为 2 mm;采用切角的方式实现圆极化。天线单元的尺寸为:下层方形贴片的边长为 9.4 mm,切角 ΔL_1 为 2.8 mm;上层方形贴片的边长为 7.4 mm,切角 ΔL_2 为 1.6 mm。天线的中心频率为 10 GHz。相邻天线单元中心的距离为 $0.5\lambda_0$,λ_0 为中心频率对应的波长。

按照表 4-1 所示的左旋和端口的馈电相位对 8 元天线阵列进行馈电。在 $\varphi=0°$,$\varphi=45°$和 $\varphi=90°$面的圆极化分量及轴比特性分别如图 4-2～图 4-4 所示。

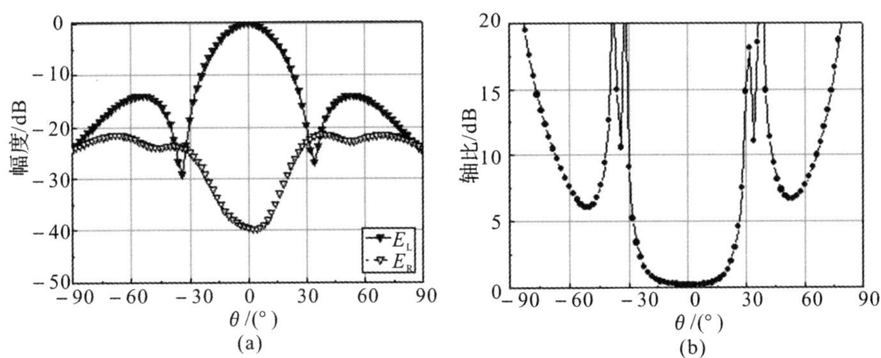

图 4-2　左旋和端口馈电时 $\varphi=0°$面的圆极化特性

(a)圆极化分量;(b)轴比

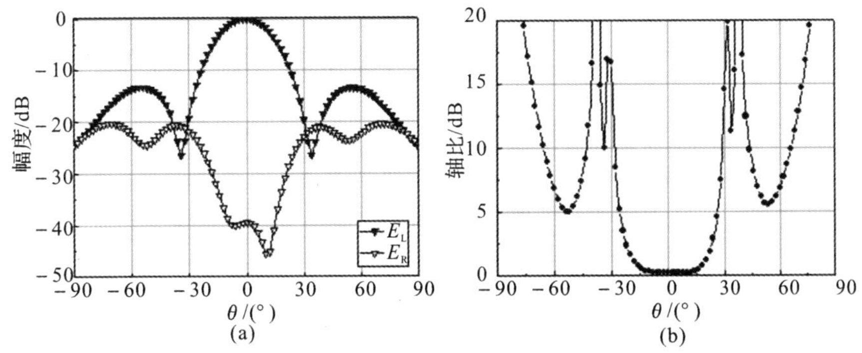

图 4-3　左旋和端口馈电时 $\varphi=45°$面的圆极化特性

(a)圆极化分量;(b)轴比

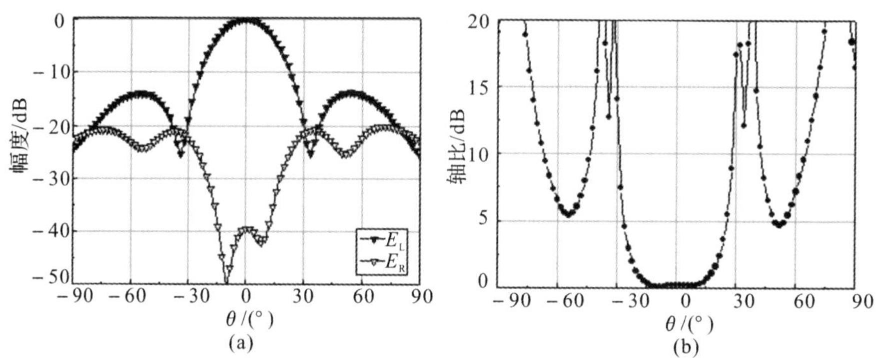

图 4-4　左旋和端口馈电时 $\varphi=90°$面的圆极化特性

(a)圆极化分量;(b)轴比

按照表 4-1 所示的右旋和端口的馈电相位对 8 元天线单元进行馈电。在 $\varphi=0°$,$\varphi=45°$及 $\varphi=90°$三个面的圆极化分量及轴比特性分别如图 4-5~图 4-7 所示。

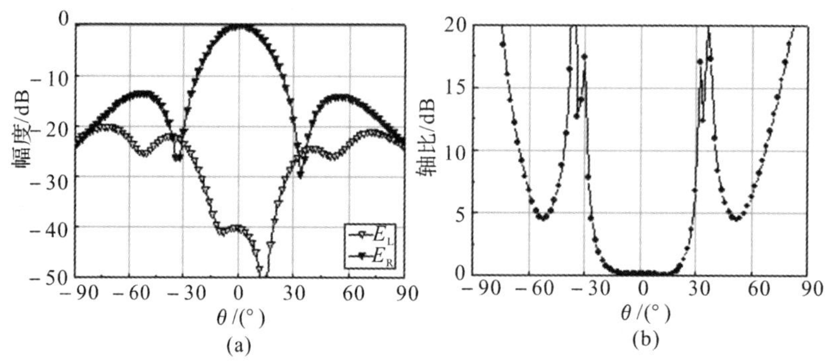

图 4-5　右旋和端口馈电时 $\varphi=0°$面的圆极化特性

(a)圆极化分量;(b)轴比

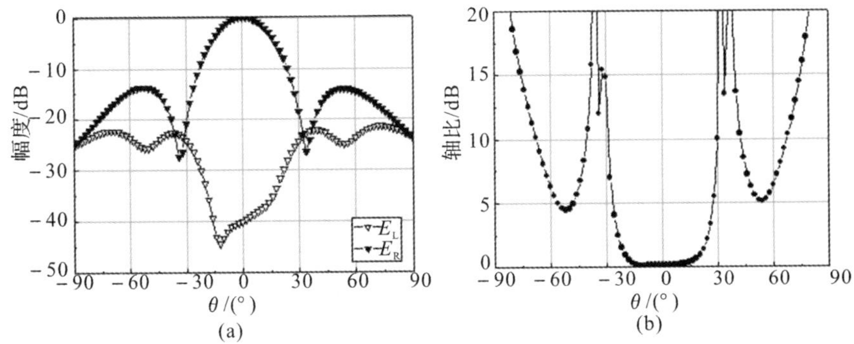

图 4-6　右旋和端口馈电时 $\varphi=45°$面的圆极化特性

(a)圆极化分量;(b)轴比

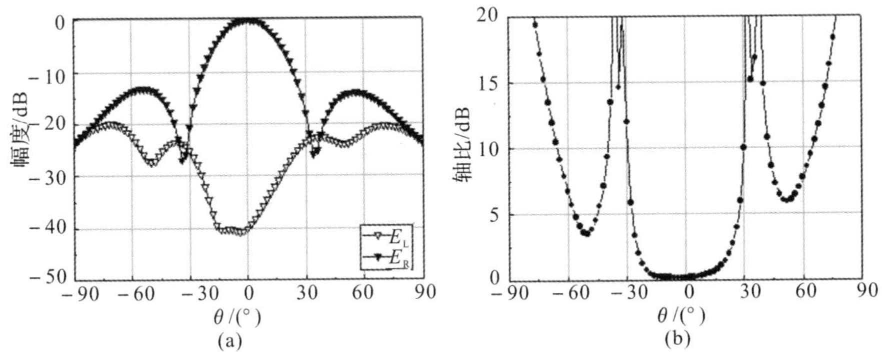

图 4-7　右旋和端口馈电时 $\varphi=90°$面的圆极化特性

(a)圆极化分量;(b)轴比

由以上计算结果可看出：$\varphi=0°$面左旋和端口馈电时，在 $\theta=0°$方向上，获得了纯圆极化波，在偏离 $\theta=0°$方向角度较小时，天线的圆极化性能良好。说明天线单元在采用顺序旋转技术后，获得了圆极化波；在 $\varphi=45°$面及 $\varphi=90°$面的圆极化特性与 $\varphi=0°$面是一致的。右旋和端口馈电时的结果与左旋和端口馈电的结果一致，这主要是由天线的圆形阵列结构决定的。

4.1.2　差网络相位分析

在单脉冲天线系统中，差波束的实现是单脉冲技术的关键，对于天线系统的探测及跟踪能力至关重要。由电磁辐射理论可知，两个天线形式与取向都一致的线天线排成 2 元阵列，当两个天线单元的电流幅度相等且相位相反时，在经过两个天线单元轴线的中点，且垂直于轴线连线的平面内，两个天线单元的辐射场强完全抵消，而平面以外的区域，可以进行有效的空间辐射，即形成了空间差波束，这就是天线形成差波束的理论基础。在平面单脉冲天线系统中，至少需要两个天线单元，系统才能完成和差波束，实现单脉冲功能。下面对圆极化顺序旋转单脉冲阵列的差波束形成网络的相位特性进行分析。

在偶数个单元构成的圆环形顺序旋转单脉冲阵列中，天线单元分布在一个圆环上，关于圆环呈中心对称分布，见图 4-1。产生差波束的条件是关于圆环中心对称的两个天线单元的馈电幅度相等且相位相反，而由单元位置变化引入的相移为 180°，因此，在圆形阵列中产生差波束的条件是馈电幅度与相位均相等。

由 N(N 为偶数)元天线单元组成的阵列，第 1 个单元与第 $N/2+1$ 个单元的馈电相位相同，第 2 个单元与第 $N/2+2$ 个单元的馈电相位相同，依次类推，第 $N/2$ 个单元与第 N 个单元的馈电相位相同。因此，推导出第 1 个单元到第 $N/2$ 个单元的馈电相位，就可获得整个圆环形阵列的馈电相位。8 路差波束形成网络的端口相位值应满足的相位关系见表 4-2。

表 4-2　8 路差波束形成网络的端口相位值　　单位：°

	A_1	A_2	A_3	A_4	A_5	A_6	A_7	A_8
左旋差端口	0	−90	−180	−270	0	−90	−180	−270
右旋差端口	0	90	180	270	0	90	180	270

对天线阵列的圆极化差波束相位特性进行验证。天线单元结构及尺寸与和波束时的天线单元相同。按照表 4-2 所示的左旋差端口的馈电相位对 8 元天线阵列进行馈电。在 $\varphi=0°$，$\varphi=45°$及 $\varphi=90°$面的圆极化分量及轴比特性分别如图 4-8～图 4-10 所示。

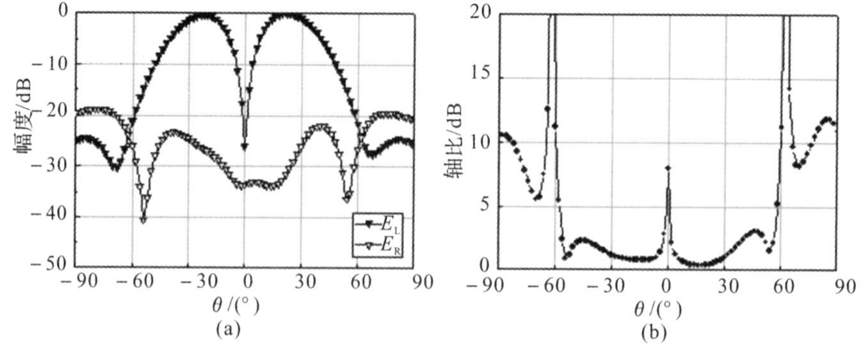

图 4-8　左旋差端口馈电时 $\varphi=0°$面的圆极化特性

(a)圆极化分量；(b)轴比

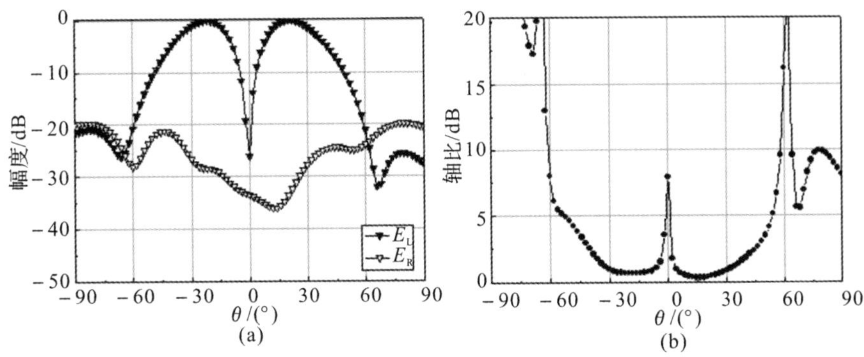

图 4-9　左旋差端口馈电时 $\varphi=45°$面的圆极化特性

(a)圆极化分量;(b)轴比

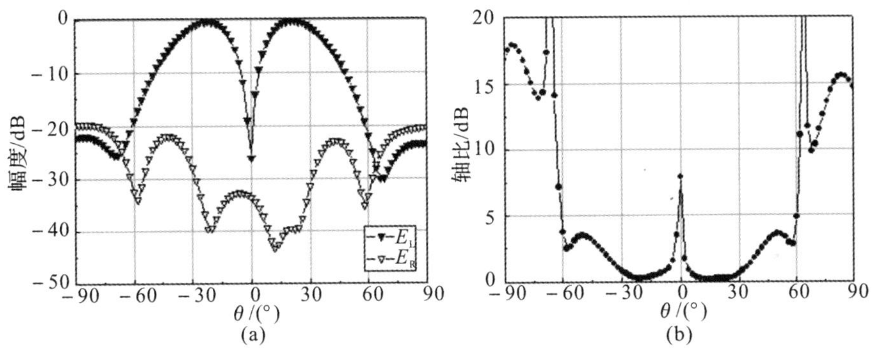

图 4-10　左旋差端口馈电时 $\varphi=90°$面的圆极化特性

(a)圆极化分量;(b)轴比

按照表 4-2 所示的右旋差端口的相位对 8 元天线阵列进行馈电。在 $\varphi=0°$, $\varphi=45°$及 $\varphi=90°$面的圆极化分量及轴比特性分别如图 4-11～图 4-13 所示。

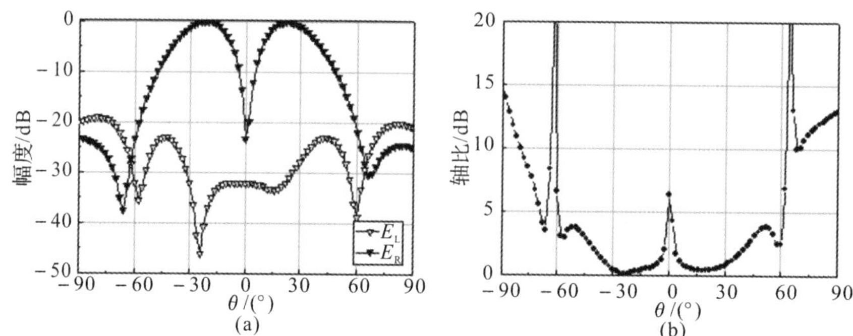

图 4-11　右旋差端口馈电时 $\varphi=0°$面的圆极化特性

(a)圆极化分量;(b)轴比

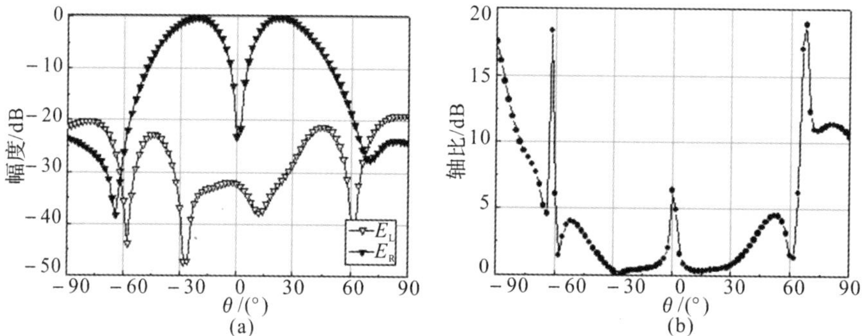

图 4-12　右旋差端口馈电时 $\varphi=45°$面的圆极化特性

(a)圆极化分量;(b)轴比

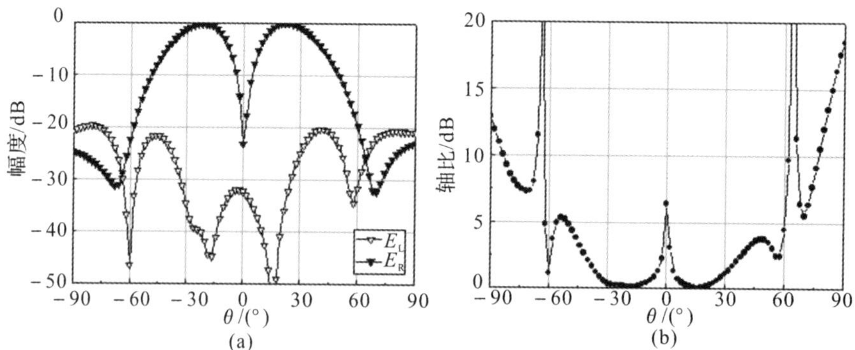

图 4-13　右旋差端口馈电时 $\varphi=90°$面的圆极化特性

(a)圆极化分量;(b)轴比

由上述计算结果可看出：

(1)左旋差端口馈电时，在 $\varphi=0°$面、$\varphi=45°$面及 $\varphi=90°$面的 $\theta=0°$方向上，天线方向图出现了零深，交叉极化电平很低，验证了推导的实现差波束馈电相位的正确性；

(2)左旋差端口馈电时，在 $\varphi=0°$面、$\varphi=45°$面及 $\varphi=90°$面的 $\theta=0°$方向上，天线的轴比值为 8 dB 左右；在 $\theta=\pm20°$的方向上，即天线的主辐射方向上，轴比降到了最低水平，进一步验证了实现差波束馈电相位的合理性；

(3)右旋差端口馈电时，天线方向图特性及轴比特性与左旋差端口馈电时相同。

4.2　和差网络结构分析

根据图 4－1 所示的 8 元环形顺序旋转阵列天线的空间分布，得到了双圆极化和波束形成网络的馈电幅度相等，馈电相位关系见表 4－1；双圆极化差波束的馈电幅度相等，馈电相位关系见表 4－2。本节主要研究实现这种幅相关系具体的和波束形成网络以及差波束形成网络的结构。和波束形成网络相邻端口依次具有 45°的相位差，差波束形成网络相邻端口依次具有 90°的相位差，其中和波束形成网络是整个设计的难点。

4.2.1　和网络结构

8 路波束形成网络是一个 10 端口的微波网络，10 个端口分别为端口 1 至端口 8，再加上左旋和端口及右旋和端口。在文献[178]的基础上，得出了和波束形成网络的详细结构图，如图 4－14 所示，其端口设置对应图 4－1 所示天线阵列的排布。

8 路和波束形成网络由两个 3 dB 分支线耦合器、6 个威尔金森功分器、2 个 45°移相线、2 个 90°移相线及 5 个 180°移相线组成。需要说明的是，图中所有相同的器件的结构及尺寸都是相同的，比如 2 个 45°移相线是相同的，2 个 90°移相线是相同的，5 个 180°移相线是相同的，图中 9 条比较线都是等长的。

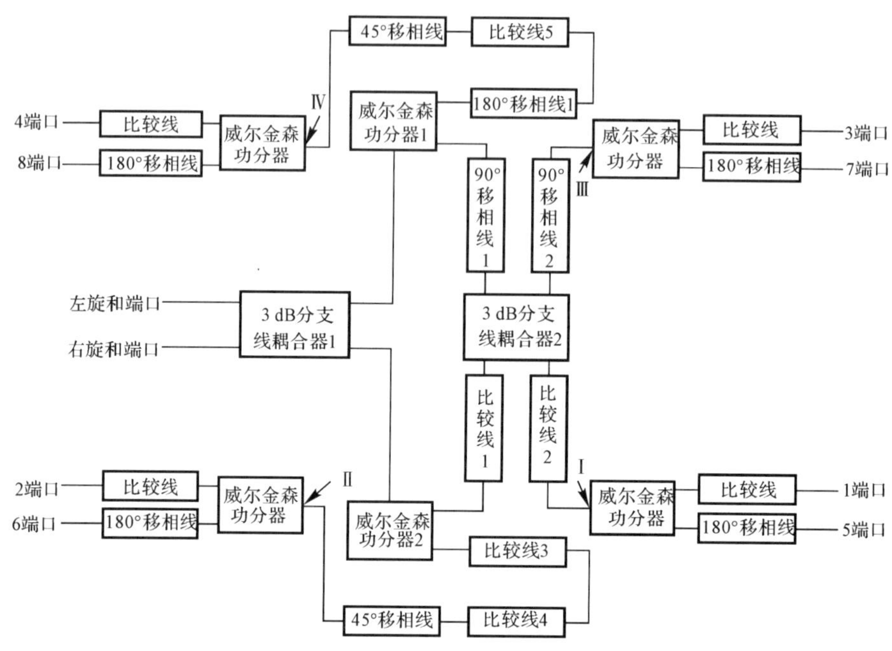

图 4－14　和波束形成网络的结构示意图

现在详细说明该和波束形成网络的工作原理，为便于说明，部分器件在图 4－14 中进行了标注。图中共有两个 3 dB 分支线耦合器，分别标注为“3 dB 分支线耦合器 1”与“3 dB 分支线耦合器 2”；将与“3 dB 分支线耦合器 1”相接的两个威尔金森功分器分别标注为“威尔金森功分器 1”与“威尔金森功分器 2”；将与“威尔金森功分器 1”相接的 180°移相线标注为“180°移相线 1”；图中共有两个 90°移相线，分别标注为“90°移相线 1”与“90°移相线 2”；图中共有 9 个比较线，9 个比较线的长度均相等，将其中的 5 个分别标注为“比较线 1”“比较线 2”“比较线 3”“比较线 4”及“比较线 5”。

1. 右旋和端口馈电时各端口的幅相结果

为简化分析，首先讨论Ⅰ，Ⅱ，Ⅲ及Ⅳ位置处的幅度与相位关系。

(1) Ⅰ处和Ⅲ处的幅度和相位关系。当信号从右旋和端口馈入时，经“3 dB分支线耦合器 1”分为两路分别到达“威尔金森功分器 1”和“威尔金森功分器 2”，由 3 dB 分支线耦合器的原理可知，这两路信号幅度相等，相位相差 90°，到达“威尔金森功分器 1”的相位滞后 90°；“威尔金森功分器 1”的其中一路经“90°移相线 1”到达“3 dB 分支线耦合器 2”，“威尔金森功分器 2”的其中一路经“比较线 1”到达“3 dB 分支线耦合器 2”，此时到达“3 dB 分支线耦合器

2”的这两路信号是等幅同相的，由于对 3 dB 分支线耦合器等幅同相馈电时，两输出端口也是等幅同相的，但输出相位较输入相位滞后 45°(未考虑耦合器直通线的相位延迟)，再分别经过“90°移相线 2”和“比较线 2”后到达Ⅰ处和Ⅲ处，则Ⅲ处的相位超前Ⅰ处 90°，且幅度是相等的。

(2) Ⅰ处和Ⅱ处的幅度和相位关系。从“威尔金森功分器 2”分出的两路信号是等幅同相的，其中一路经“比较线 1”“3 dB 分支线耦合器 2”和“比较线 2”到达Ⅰ处，另一路经“比较线 3”“比较线 4”和“45°移相线”到达Ⅱ处，这两路信号的不同仅在“3 dB 分支线耦合器 2”和“45°移相线”处，“45°移相线”的比较线就是信号经过耦合器的 45°相位滞后加上耦合器直通线的相位延迟，则可得出Ⅱ处相位超前Ⅰ处 45°，且幅度是相等的。

(3) Ⅱ处和Ⅳ处的幅度和相位关系。“威尔金森功分器 1”比“威尔金森功分器 2”的相位滞后 90°。“威尔金森功分器 1”的一路信号经过“180°移相线 1”“比较线 5”和“45°移相线”到达Ⅳ处；“威尔金森功分器 2”的一路信号经过“比较线 3”“比较线 4”和“45°移相线”到达Ⅱ处，则Ⅳ处超前Ⅱ处 90°，且幅度相等。

由以上分析可知，Ⅰ，Ⅱ，Ⅲ和Ⅳ处的信号均幅度相等，Ⅱ处的相位超前Ⅰ处 45°，Ⅲ处的相位超前Ⅰ处 90°，Ⅳ处的相位超前Ⅱ处 90°，即Ⅳ处的相位超前Ⅰ处 135°，Ⅰ，Ⅱ，Ⅲ和Ⅳ处的信号到达“1 端口”“2 端口”“3 端口”和“4 端口”后相位也依次超前 45°，而“5 端口”“6 端口”“7 端口”和“8 端口”又分别超前“1 端口”“2 端口”“3 端口”和“4 端口”180°。因此，若以“1 端口”为基准，1～8个端口的相位依次为 0°，45°，90°，135°，180°，225°，270°，315°。这样就实现了表 4－1 中的右旋和波束馈电相位。

2. 左旋和端口馈电时的分析与右旋类似

需要注意的是，当信号从左旋和端口馈入时，经“3 dB 分支线耦合器 1”分为两路分别到达“威尔金森功分器 1”和“威尔金森功分器 2”，到达“威尔金森功分器 2”的相位滞后 90°；“威尔金森功分器 1”的其中一路经“90°移相线 1”到达“3 dB 分支线耦合器 2”，“威尔金森功分器 2”的其中一路经“比较线 1”到达“3 dB 分支线耦合器 2”，此时到达“3 dB 分支线耦合器 2”的这两路信号是等幅反相的，对 3 dB 分支线耦合器等幅反相馈电时，两输出端口也是等幅反相的，其他分析与右旋类似。

若设右旋和端口的信号为 S_R，左旋和端口信号为 S_L，设端口 1～端口 8 的信号分别为 1～8，则和端口的表达式为

$$S_R = 1\angle 0° + 2\angle 45° + 3\angle 90° + 4\angle 135° + 5\angle 180° + 6\angle 225° +$$

$$7\angle 270° + 8\angle 315° \tag{4-5}$$

$$S_L = 1\angle 0° + 2\angle -45° + 3\angle -90° + 4\angle -135° + 5\angle -180° + 6\angle -225° + 7\angle -270° + 8\angle -315° \tag{4-6}$$

4.2.2 差网络结构

图 4-15 所示为 8 路差波束网络结构图。网络由 1 个 3 dB 分支线耦合器、6 个威尔金森功分器和 2 个 180°移相线组成。与和波束形成网路相比，差波束形成网路相对简单。

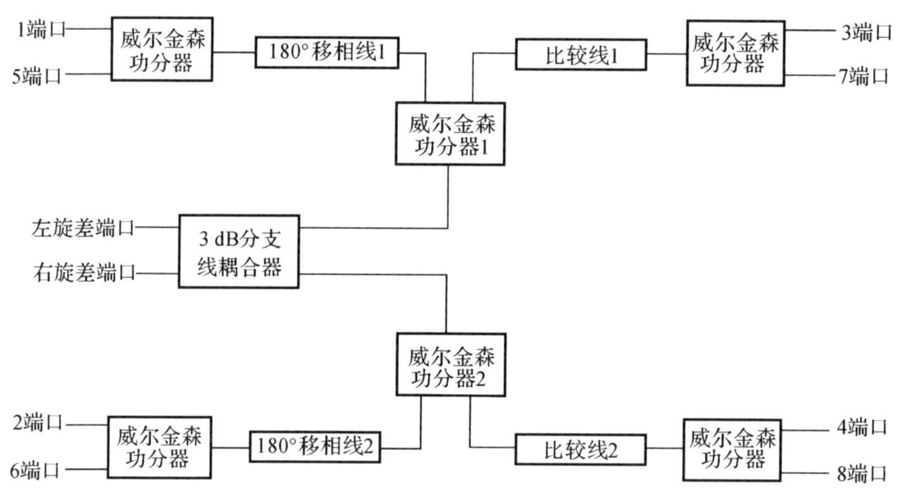

图 4-15 差波束形成网络的结构示意图

现在详细说明该差波束形成网络的工作原理。

当信号从左旋差端口馈入时，经“3 dB 分支线耦合器”分为两路分别到达“威尔金森功分器 1”和“威尔金森功分器 2”，由 3 dB 分支线耦合器的原理可知，这两路信号幅度相等，相位相差 90°，到达“威尔金森功分器 2”的相位滞后 90°；经“威尔金森功分器 1”的信号分为等幅同相的两部分，分别经过“180°移相线 1” 到达“1 端口”，经过“比较线 1”到达“3 端口”，则“3 端口”的相位滞后“1 端口”180°，幅度相等。同样，经“威尔金森功分器 2”的信号分为等幅同相的两部分，分别经“180°移相线 2”到达“2 端口”，经过“比较线 2”到达“4 端口”，则“4 端口”的相位滞后“2 端口”180°，幅度相等。又“2 端口”滞后“1 端口”90°。因此，若以“1 端口”为基准，1～8 个端口的相位依次为 0°，−90°，−180°，−270°，0°，−90°，−180°，−270°。这样就实现了表 4-2 中的左旋差波束馈电相位。

右旋差端口馈电时的原理与左旋差端口相同。

若设右旋差端口的信号为 D_R，左旋差端口信号为 D_L，设端口 1～端口 8 的信号分别为 1～8，则差端口的表达式为

$$D_R = 1\angle 0^\circ + 2\angle 90^\circ + 3\angle 180^\circ + 4\angle 270^\circ + 5\angle 0^\circ + 6\angle 90^\circ + 7\angle 180^\circ + 8\angle 270^\circ \tag{4-7}$$

$$D_L = 1\angle 0^\circ + 2\angle -90^\circ + 3\angle -180^\circ + 4\angle -270^\circ + 5\angle 0^\circ + 6\angle -90^\circ + 7\angle -180^\circ + 8\angle -270^\circ \tag{4-8}$$

4.3　和差网络关键器件设计

在图 4－14 和图 4－15 所示的和差波束形成网络结构示意图中，关键器件主要有 3 dB 分支线耦合器、威尔金森功分器和宽带移相器，3 种器件均需满足 8～12.4 GHz 的宽带要求。其中，和波束形成网络中需要 45°移相器、90°移相器和 180°移相器，而差波束形成网络中仅需要 180°移相器，移相器不仅要满足宽带要求，并且还要考虑尺寸、结构布局和设计调节的复杂程度，是整个设计的难点。本节采用传统的三分支 3 dB 分支线耦合器及二等分威尔金森功分器，并采用 3.2 节提出的单一复合左右手传输线的非线性相位特性来分别设计宽带 45°移相器、90°移相器和 180°移相器。

4.3.1　耦合器和功分器设计

由于所设计的和差波束形成网络工作在 8～12.4 GHz，为满足带宽要求，图 4－14 和图 4－15 中的 3 dB 分支线耦合器采用三分支结构，威尔金森功分器采用一级结构，具体的设计方法及参数可参考文献[185]，这里只给出仿真结果。

图 4－16 所示为三分支 3 dB 分支线耦合器，图 4－17 所示为耦合器的仿真结果。

由图 4－17(a)所示的耦合器的 **S** 参数仿真结果可看出，在 7～13 GHz 的频段内，端口 1 的反射系数小于－18 dB，端口 1 和端口 4 的隔离度大于 18 dB，两输出端口的幅度差小于 0.4 dB。由图 4－17(b)所示的耦合器输出端口相位差的仿真结果可看出，在 7.8～12.5 GHz 的频段内，相位差为 90°±2°。该耦合器满足工作在 8～12.4 GHz 的和差波束形成网络的要求。

图 4－18 所示为功分器结构和仿真结果。由图 4－18(b)所示的 **S** 参数仿真结果可看出，在 7～13 GHz 的范围内，功分器具有良好的匹配、传输和隔离性能，满足 8～12.4 GHz 的带宽要求。

图 4-16　三分支 3 dB 分支线耦合器端口示意图

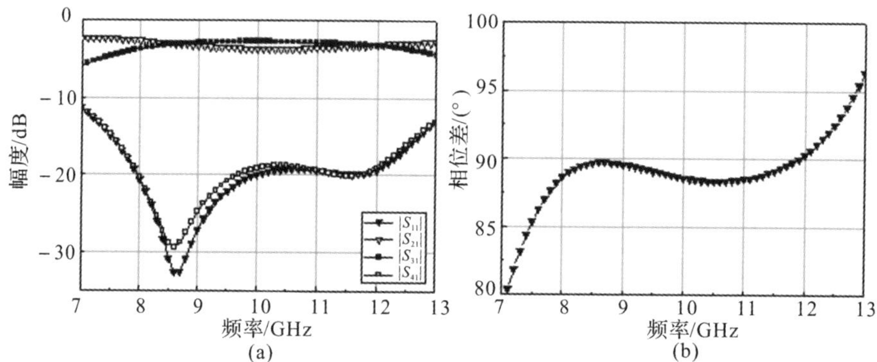

图 4-17　耦合器仿真结果

(a) **S** 参数；(b) 相位差

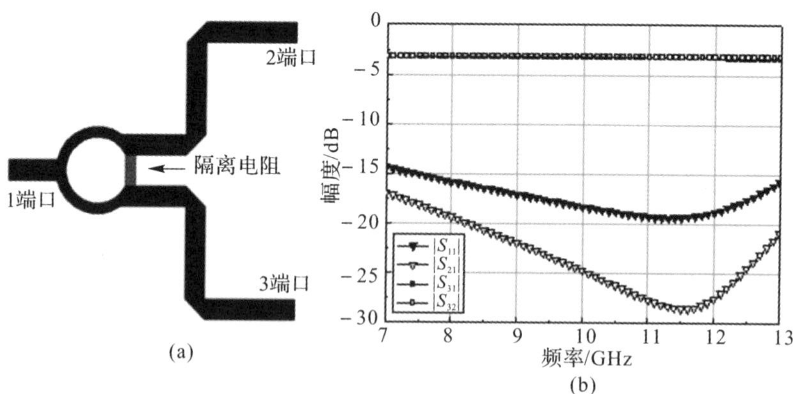

图 4-18　功分器结构和仿真结果

(a) 端口示意图；(b) **S** 参数结果

4.3.2　45°移相器设计

利用单一复合左右手传输线的非线性相位特性设计了宽带 45°移相器，采用相对介电常数为 2.65，厚度为 0.5 mm 的聚四氟乙烯介质板，结构如图 4-19 所示。在图 4-19 中，上面为单一复合左右手传输线，下面为用来进行相位比较的普通微带线。单一复合左右手结构的两端为宽度 1.35 mm 的 50 Ω 微带线，两端微带线的长度 L_0=5.25 mm；单一复合左右手单元的尺寸为：L_1=0.7 mm，L_2=3.5 mm，L_3=0.25 mm，W_1=0.25 mm，W_2=0.825 mm，W_3=0.875 mm，直径 D=0.4 mm，尺寸表示见图 3-17(a)。作为相位比较的普通微带线的长度为 18.5 mm，需要说明的是，根据 4.2.1 节的分析，此处的微带比较线是耦合器直通线长加上电长度为 45°的微带线。

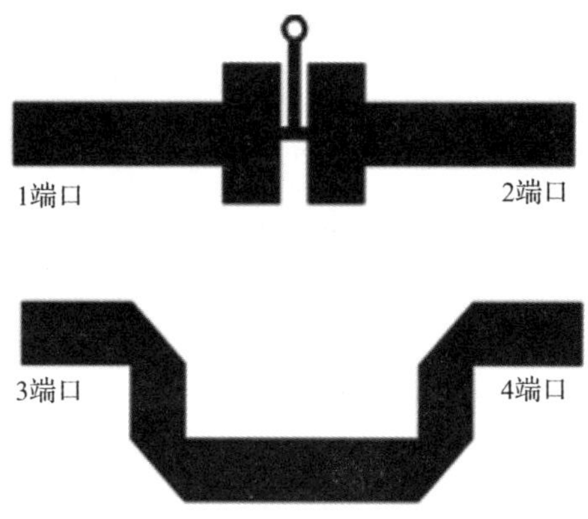

图 4-19　45°移相器结构示意图

移相器的幅度和相位仿真结果如图 4-20 所示。由图 4-20(a)所示移相器幅度的仿真结果可以看出，在 7～13 GHz 的频率范围内，反射系数小于 -10 dB；在 7～13 GHz 的频率范围内，最大插入损耗为 0.3 dB。由图 4-20(b)所示移相器相位差的仿真结果可以看出，在 7～13 GHz 的频率范围内，相位差为 45°±2°。综合移相器的幅度和相位差的仿真结果，在 7～13 GHz 的频率范围内，反射系数小于 -10 dB，插入损耗小于 0.3 dB，相位差为 45°±2°，满足工作在 8～12.4 GHz 的和差波束形成网络要求的宽带 45°移相要求。

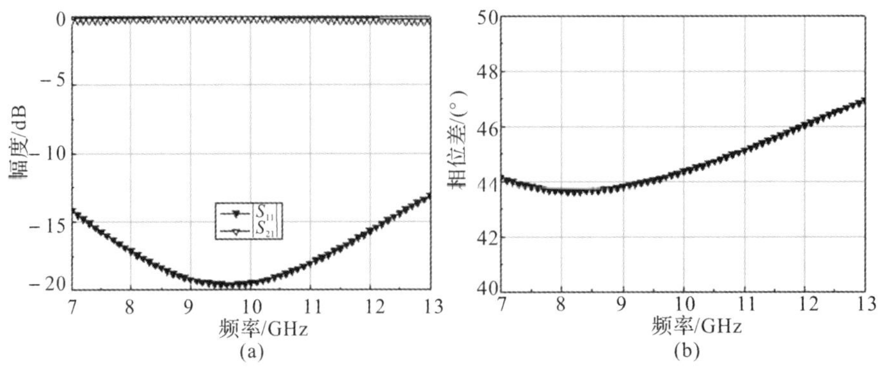

图 4-20　45°移相器的仿真结果

(a)幅度;(b)相位差

4.3.3　90°移相器设计

90°移相线结构如图 4-21 所示,采用相对介电常数为 2.65,厚度为 0.5 mm 的聚四氟乙烯板。单一复合左右手传输线两端 50 Ω 微带线的长度为 9.4 mm,为减小面积,将两端的微带线进行弯折处理。单元之间的微带线长度为 1.5 mm;单一复合左右手传输线单元的尺寸与 45°移相线相同。作为相位比较的普通微带线的长度为 34 mm。

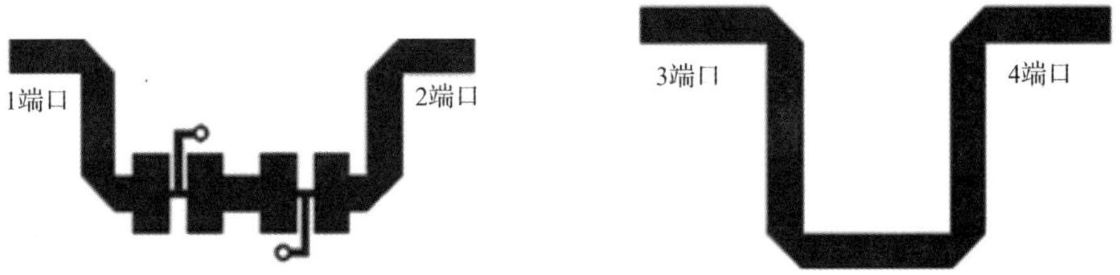

图 4-21　90°移相器结构示意图

90°移相器的幅度和相位仿真结果如图 4-22 所示。由如图 4-22(a)所示移相器幅度的仿真结果可看出,在 7～13 GHz 的频率范围内,反射系数小于－10 dB;在 7～13 GHz 的频率范围内,最大插入损耗为 0.32 dB。由图 4-22(b)可以看出,在 7～13 GHz 的频率范围内,相位差为 90°±2.5°。综合移相器的幅度和相位差的仿真结果,在 7～13 GHz 的频率范围内,反射系数小于－10 dB,插入损耗小于 0.32 dB,相位差为 90°±2.5°,满足工作在 8～12.4 GHz和差波束形成网络要求的宽带 90°移相要求。

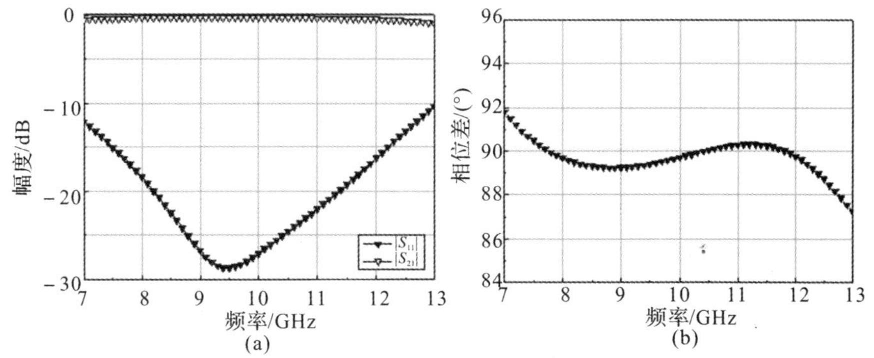

图 4-22　90°移相器的仿真结果

(a)幅度;(b)相位差

4.3.4　180°移相器设计

180°移相器结构如图 4-23 所示,采用相对介电常数为 2.65,厚度为 0.5 mm 的聚四氟乙烯介质板。移相器两端 50 Ω 微带线的长度为 2.4 mm,单元间微带线长度为 0.3 mm;单一复合左右手传输线单元的尺寸与 90°移相器相同。根据图 4-14 和图 4-15 中"比较线"等长的要求,此处 180°移相线的比较线也为 34 mm。

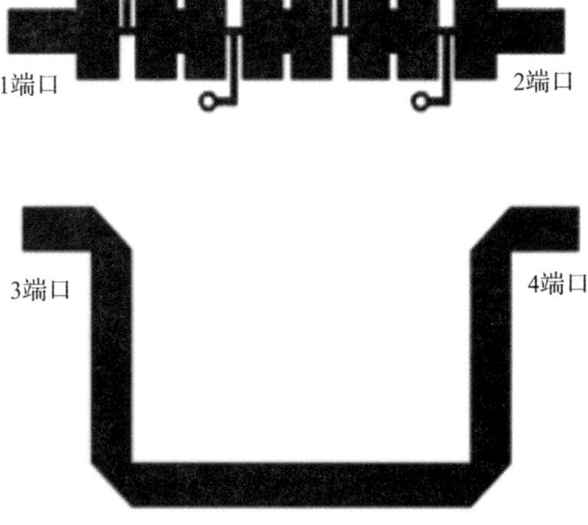

图 4-23　180°移相器结构示意图

180°移相器幅度和相位的仿真结果如图 4-24 所示。由图 4-24(a)所示移相器幅度的仿真结果可以看出,在 7～13 GHz 的频率范围内,反射系数小于－10 dB;在 7～13 GHz 的频率范围内,最大插入损耗为 0.35 dB。由图 4-24(b)可以看出,在 7～13 GHz 的频率范围内,相位差为 180°±5°。综合移相器的幅度和相位差的仿真结果,在 7～13 GHz 的频率范围内,反射系数小于－10 dB,插入损耗小于 0.35 dB,相位差为 180°±5°,满足工作在 8～12.4 GHz和差波束形成网络要求的宽带 180°移相要求。

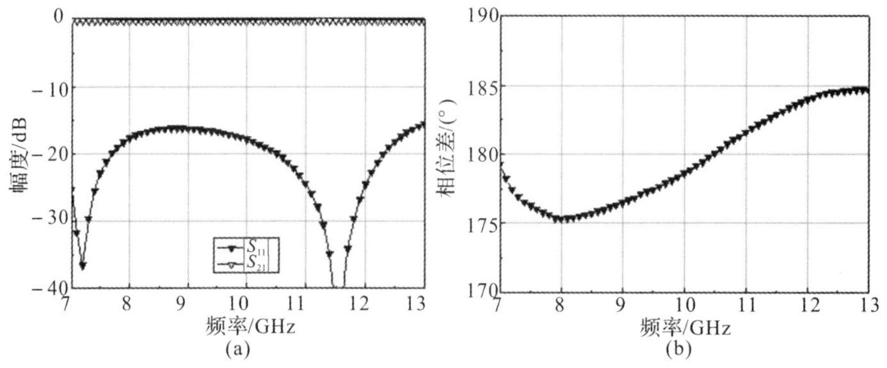

图 4-24　180°移相器的仿真结果

(a)幅度;(b)相位差

4.4　和差网络实验结果

在 4.2 节对和差网络的结构分析及 4.3 节对网络中的关键器件设计的基础上,本节设计并加工测试了和差波束形成网络。由于端口较多,结果分两个图给出。

4.4.1　和网络实验结果

图 4-25 所示为和波束形成网络的实物图,整个网络制作在相对介电常数为 2.65,厚度为 0.5 mm 的聚四氟乙烯玻璃布板上。各个端口的名称已在图中标注;其端口设置对应图 4-1 所示的天线阵列排布。网络的总尺寸为 114 mm×95 mm,相比文献[178]中相同频率和相同介质板的和波束形成网络尺寸减小了 23.6%。

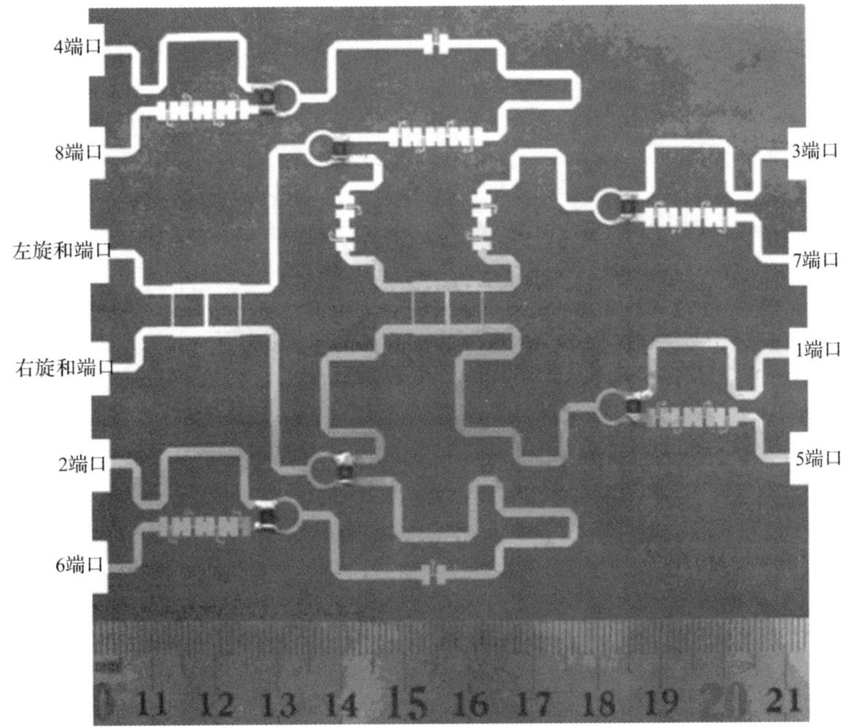

图 4－25　和波束形成网络的实物图

图 4－26 所示为和波束形成网络各端口的驻波比实验结果。可以看出，在 7.5～12.5 GHz 的频带内，端口的驻波比均小于 1.82，表明网络在宽频带内具有良好的阻抗匹配特性。

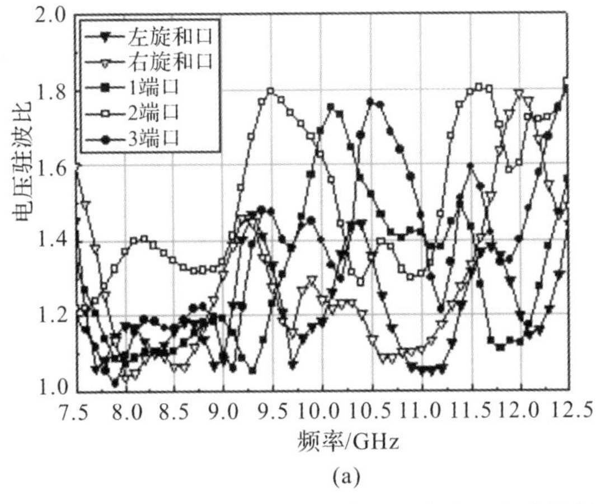

(a)

图 4－26　和波束形成网络各端口的驻波比实验结果

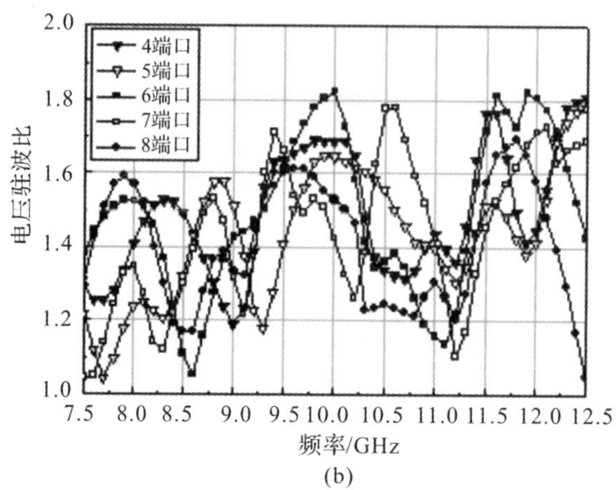

(b)

续图 4-26　和波束形成网络各端口的驻波比实验结果

图 4-27 所示为左旋和端口激励时和波束形成网络传输系数的实验结果;图 4-28 所示为右旋和端口激励时和波束形成网络传输系数的实验结果。由图 4-27 可以看出,左旋和端口激励时输出端口间的幅度差在 8～12.4 GHz 的频带内小于 1.5 dB;由图 4-28 可以看出,右旋和端口激励时输出端口的幅度差在 8～12.4 GHz 的频带内小于 1.8 dB。

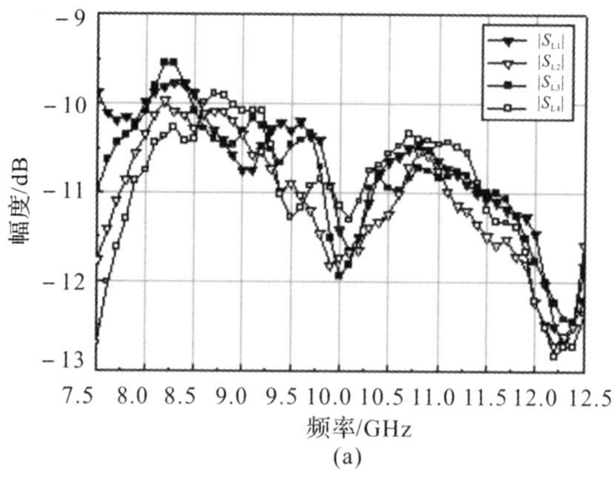

(a)

图 4-27　左旋和端口激励时传输系数的实验结果

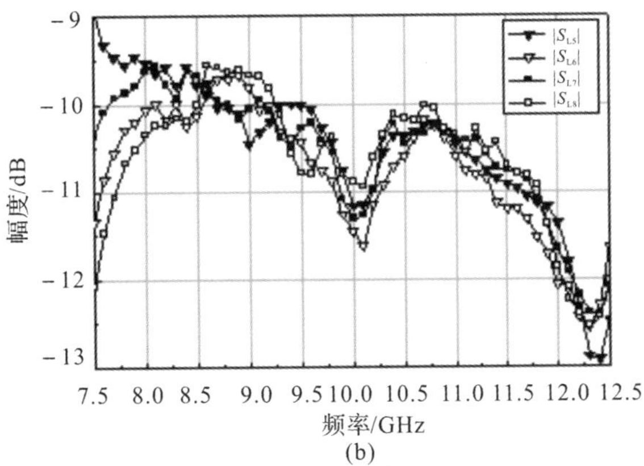

续图 4-27　左旋和端口激励时传输系数的实验结果

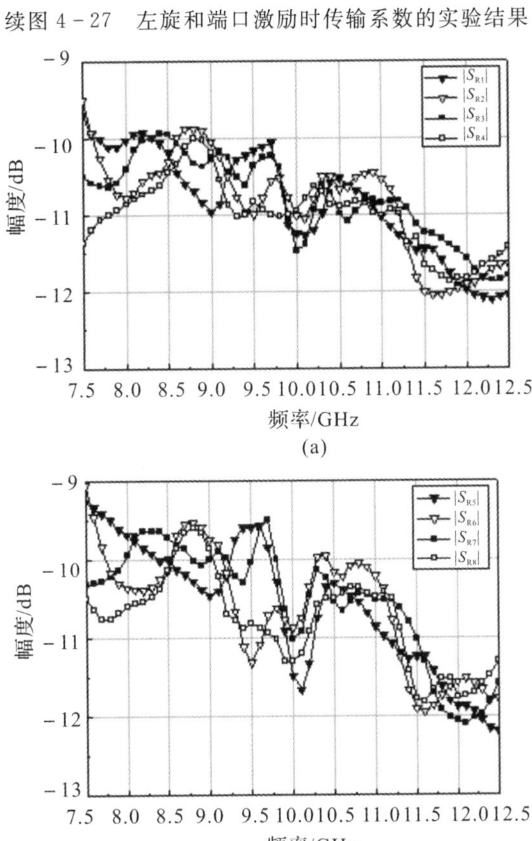

图 4-28　右旋和端口激励时传输系数的实验结果

网络具有10个端口，其中8个端口为输出端口，2个端口为输入端口，考虑到网络的端口较多，仅对1端口和5端口与其他端口的隔离度进行了实验测试。图4-29和图4-30所示分别为和波束形成网络的1端口隔离度实验结果和5端口隔离度实验结果。由图4-29和图4-30可以看出，在7.5～12.5 GHz的频段内，端口的隔离度均大于15 dB。

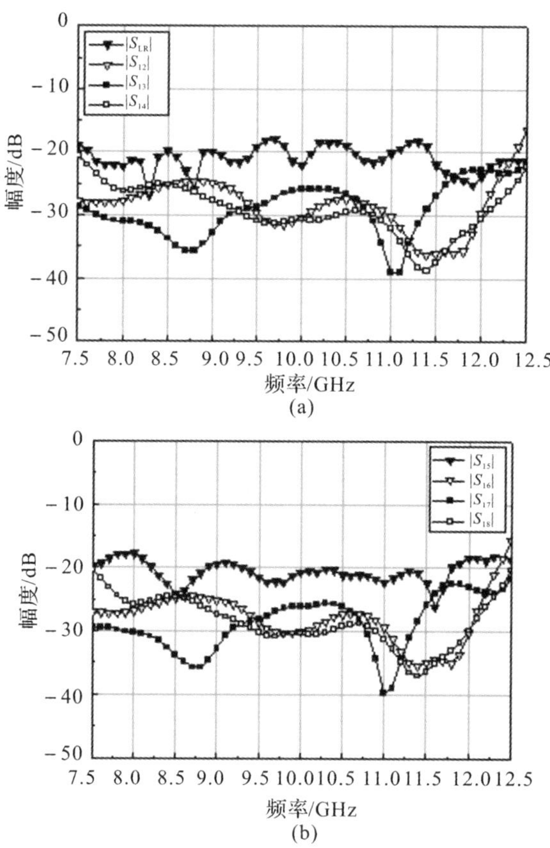

图4-29　1端口与其他端口间隔离度的实验结果

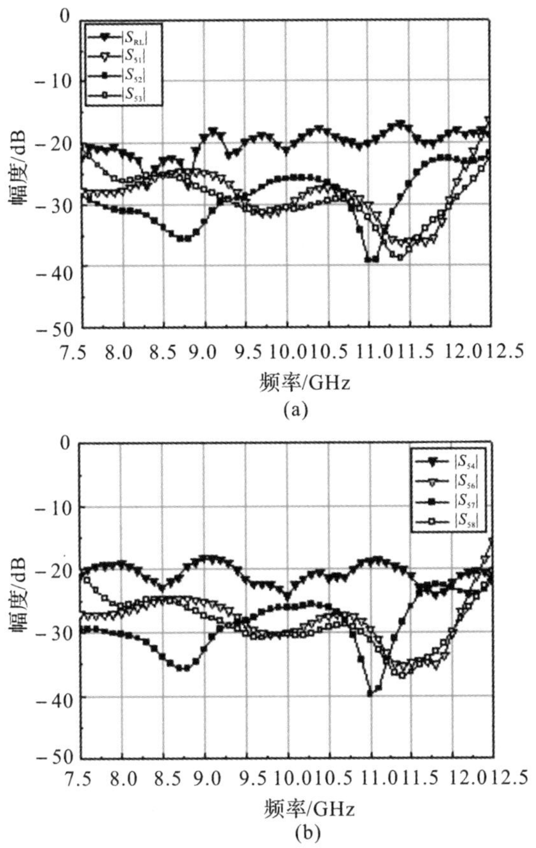

图 4 - 30　5 端口与其他端口间隔离度的实验结果

图 4 - 31 和图 4 - 32 所示分别为左旋和端口激励时与右旋和端口激励时和波束形成网络传输相位的实验结果。由图 4 - 31 可以看出，左旋和端口激励时，在 8～12.4 GHz 的频带内，输出端口的相位不平衡度在±6.5°以内；由图 4 - 32 可以看出，右旋和端口激励时，在 8～12.4 GHz 的频带内，输出端口的相位不平衡度在±7°以内。

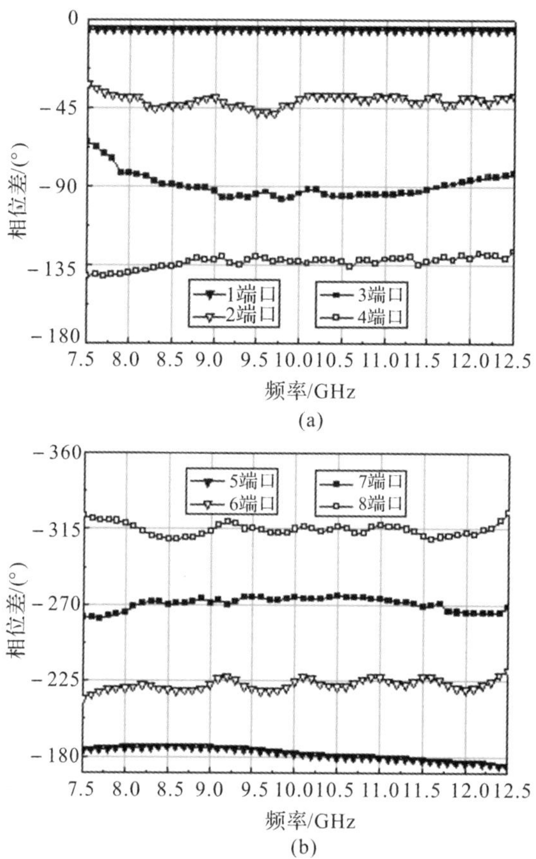

(a)

(b)

图 4-31 左旋和端口激励时传输相位的实验结果

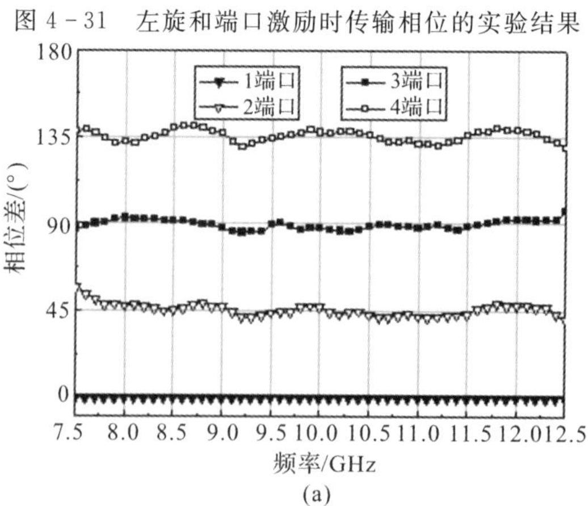

(a)

图 4-32 右旋和端口激励时传输相位的实验结果

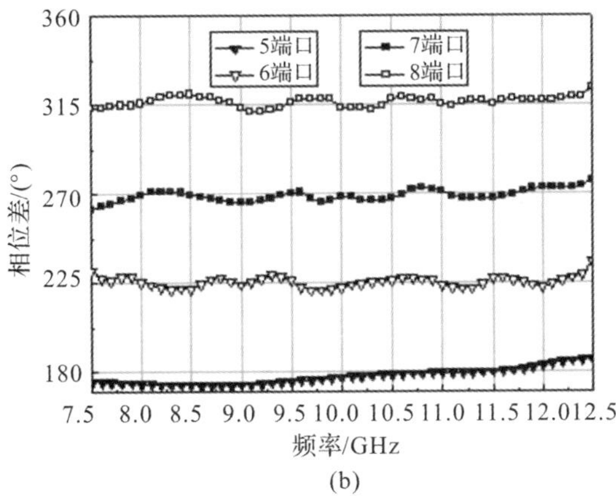

续图 4-32　右旋和端口激励时传输相位的实验结果

由实验结果可以看出，和波束形成网络在 8～12.4 GHz 的频带内，端口驻波比小于 1.82，输出端口的幅度差小于 1.8 dB，端口的隔离度大于 15 dB，相位不平衡度在±7°以内。该网络具有良好的幅相特性，完全满足 8 元天线阵列产生双圆极化和波束的要求。

4.4.2　差网络实验结果

图 4-33 所示为 8 路差波束形成网络的实物图，整个网络制作在相对介电常数为 2.65，厚度为 0.5 mm 的聚四氟乙烯玻璃布板上。各个端口的名称已在图中标注；其端口设置对应图 4-1 所示的天线阵列排布。网络的总尺寸为 105 mm×50 mm，相比文献[178]中相同频率和相同介质板的差波束形成网络尺寸减小了 31.8%。

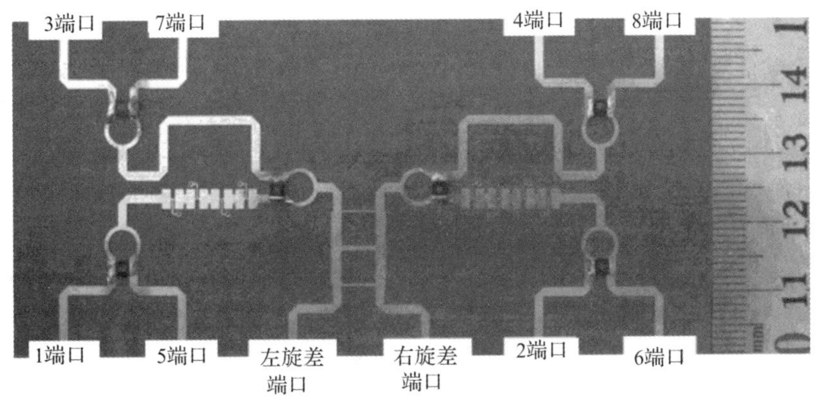

图 4-33　差波束形成网络的实物图

图 4－34 所示为差波束形成网络各端口的驻波比实验结果。可以看出，在 7.5～12.5 GHz 的频带内，端口的驻波比均小于 1.85，表明差波束形成网络具有良好的阻抗匹配带宽。

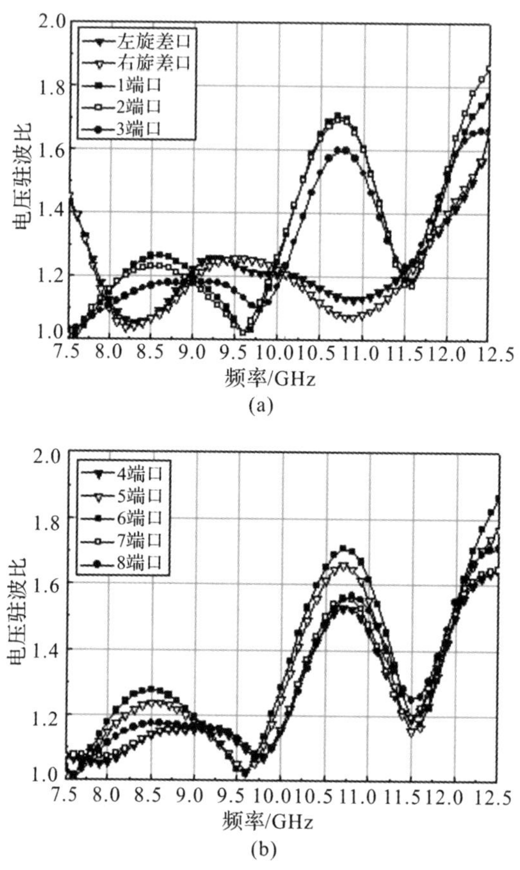

图 4－34　差波束形成网络各端口的驻波比实验结果

图 4－35 所示为左旋差端口激励时差波束形成网络传输系数的实验结果；图 4－36 所示为右旋差端口激励时差波束形成网络传输系数的实验结果。由图 4－35 可以看出，左旋差端口激励时输出端口间的幅度差在 8～12.4 GHz 的频带内小于 1.1 dB；由图 4－36 可以看出，右旋差端口激励时输出端口的幅度差在 8～12.4 GHz 的频带内小于 1.2 dB。

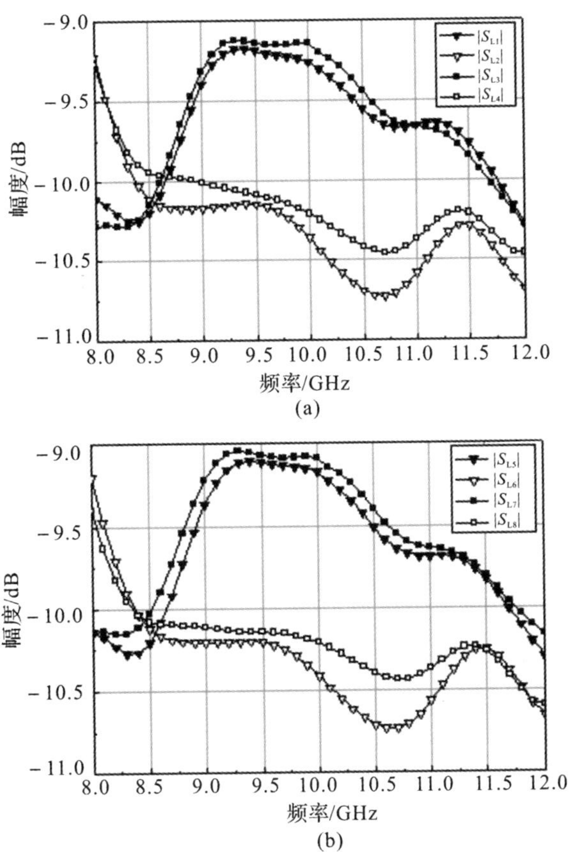

图 4-35　左旋差端口激励时差波束形成网络传输系数的实验结果

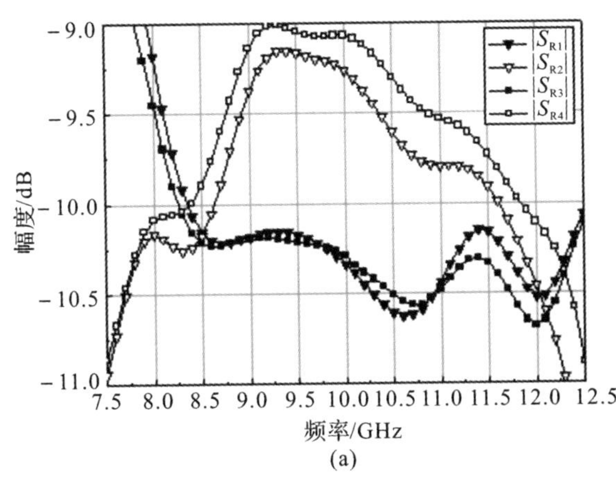

图 4-36　右旋差端口激励时差波束形成网络传输系数的实验结果

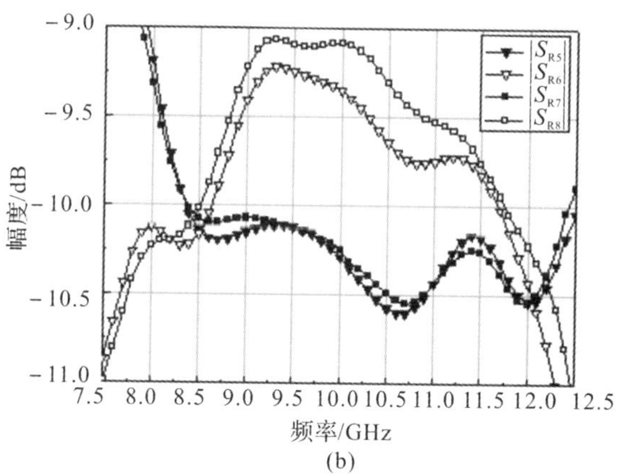

(b)

续图 4-36　右旋差端口激励时差波束形成网络传输系数的实验结果

与和波束形成网络一样，仅对 1 端口和 5 端口与其他端口间的隔离度进行了实验测试。图 4-37 和图 4-38 所示分别为差波束形成网络的 1 端口隔离度实验结果与 5 端口隔离度实验结果。由图 4-37 和图 4-38 可以看出，在 7.5～12.5 GHz 的频段内，端口的隔离度均大于 15 dB。

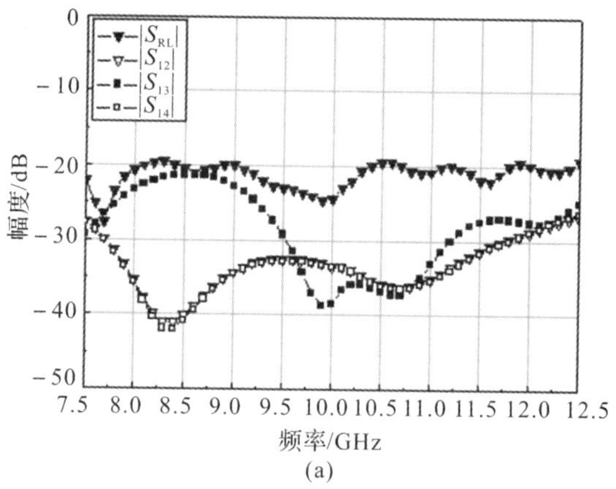

(a)

图 4-37　1 端口与其他端口间隔离度的实验结果

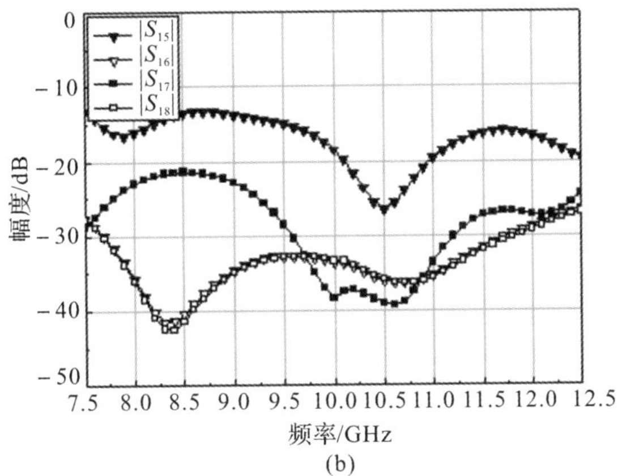

(b)

续图 4-37　1 端口与其他端口间隔离度的实验结果

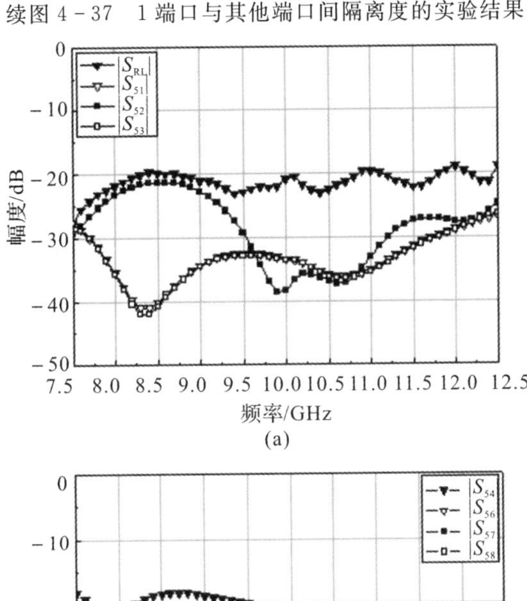

(a)

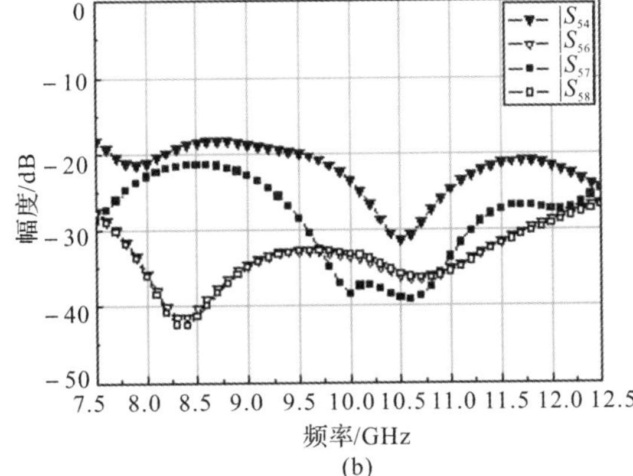

(b)

图 4-38　5 端口与其他端口间隔离度的实验结果

图 4-39 和图 4-40 所示分别为左旋差端口激励时与右旋差端口激励时差波束形成网络传输相位的实验结果。由图 4-39 可以看出，左旋差端口激励时，在 8～12.4 GHz 的频带内，输出端口的相位不平衡度在±5.5°以内；由图 4-40 可以看出，右旋差端口激励时，在 8～12.4 GHz 的频带内，输出端口的相位不平衡度在±6°以内。

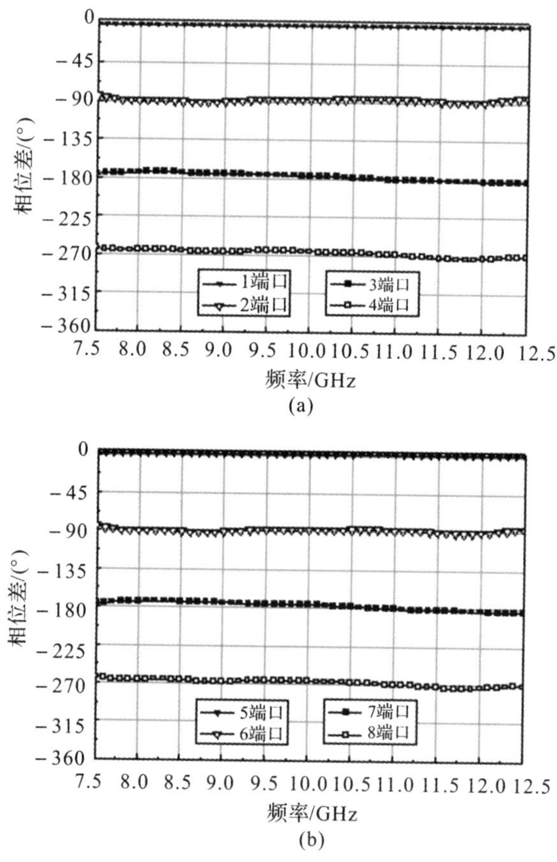

图 4-39　左旋差端口激励时传输相位的实验结果

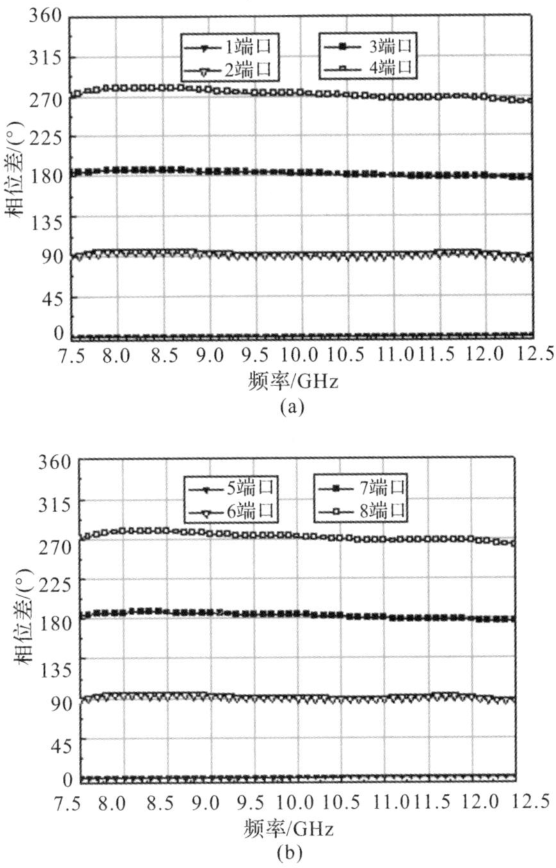

图 4-40　右旋差端口激励时传输相位的实验结果

由实验结果可以看出，差波束形成网络在 8～12.4 GHz 的频带内，端口驻波比小于 1.85，输出端口的幅度差小于 1.2 dB，端口的隔离度均大于 15 dB，相位不平衡度在±6°以内。该网络具有良好的幅相特性，满足 8 元天线阵列产生双圆极化差波束的要求。

4.5 小　　结

单脉冲天线系统是单脉冲雷达系统的关键部件，而波束形成网络决定了单脉冲天线阵列能否实现和差功能，获取网络各个端口的幅度及相位信息是设计波束形成网络的前提。本章所设计的馈电网络具有左/右旋双圆极化的和差性能，即实现左旋圆极化和波束、右旋圆极化和波束、左旋圆极化差波束以及右旋圆极化差波束四个波束。

针对上述网络设计存在的布线相互交错及拓扑结构复杂的问题，本章在空军工程大学研究生科技创新计划基金项目“平面单脉冲天线阵及其馈电系统研究”的支持下，基于提出的单一复合左右手传输线宽带移相器设计方法设计了宽带双圆极化和差波束形成网络。首先，给出并计算验证了 8 元顺序旋转圆极化天线阵列中产生和波束与差波束的馈电相位表达式；其次，给出了实现和差波束幅相关系的和波束形成网络及差波束形成网络的拓扑结构，并详细分析了其工作原理；最后，利用提出的单一复合左右手传输线宽带移相器的设计方法分别设计了宽带 45°移相器、宽带 90°移相器及宽带 180°移相器，并结合三分支 3 dB 分支线耦合器及威尔金森功分器，分别设计了宽带双圆极化和波束形成网络及差波束形成网络。

第5章　基于单负零阶谐振器的小型全向圆极化天线

全向天线是指能在某一平面内实现全向辐射的一类天线，如水平全向天线能在水平面内均匀辐射，全向天线广泛地应用于数字电视、点对点通信及移动通信等各个领域[186]。全向圆极化天线是指同时具有全向辐射特性和圆极化辐射特性的一类天线，由于此类天线具有这两个特殊的性能而被广泛应用于通信、雷达、遥感遥测、电子侦察与电子干扰等方面[187]。

全向圆极化天线应用于航天通信、遥测遥感以及天文设备中，可减小信号的损失，有效地消除由电离层法拉第旋转效应引起的极化畸变影响；全向圆极化天线应用于电子对抗中，可侦察和干扰敌方除反向纯圆极化信号以外的各种极化方式的无线电波；将全向圆极化天线装置于高速运动、剧烈摆动或滚动的物体上，如航天器、飞机、舰艇及汽车等，可在任何运动状态下都能接收到无线电信号；全向圆极化天线应用于广播电视系统中，能够有效扩大信号的覆盖范围，并能在一定程度上克服重影重音；部分通信系统采用方位面全向天线，可提高通信的及时性和可靠性[187-188]。因此，研究全向圆极化天线具有重要的实用价值。

在设计全向圆极化天线时，如何平衡各方面参数，得到各个指标均满足要求的全向圆极化天线是目前广受关注的课题。本章根据复合左右手传输线的零阶谐振特性，设计基于单负蘑菇阵列零阶谐振器的小型全向圆极化天线。首先，对全向圆极化天线的实现方法进行分类，并对每一类方法的相应文献进行总结；其次，通过计算验证微带线谐振腔的线性谐振模式，以及传统复合左右手传输线谐振腔的非线性谐振模式，谐振模式可为正阶、负阶和零阶，而单负复合左右手传输线谐振腔的谐振模式也是非线性的，谐振模式可为正阶和零阶；再次，对比分析传统复合左右手传输线和单负复合左右手传输线零阶谐振天线的辐射特性，发现单负零阶谐振天线具有更对称的全向方向图和更低的交叉极化，在设计全向天线时更具优势；最后，由于蘑菇结构的单负零阶谐振天线可等效为电偶极子天线，在地板上加载环形支节可获得环向电流，环向电流等效为磁偶极子天线，通过调节加载支节的尺寸，可使等效的电、磁偶极子天线具有相同的幅度和90°的相位差，从而可在方位面实现全向圆极化。

实验结果表明，基于单负零阶谐振器的全向圆极化天线尺寸小，具有方位面的全向辐射方向图，能够覆盖大的服务区域，同时具有良好的圆极化性能。

5.1 全向圆极化天线的研究现状

全向圆极化天线的设计并非简单地将定向的圆极化天线排列为一周，或简单地对全向的线极化天线进行极化分离再移相合成。对于全向圆极化天线最重要、最关注的几个天线性能，如增益、轴比和反射系数等，它们之间是互相影响的，这无疑给全向圆极化天线的设计增加了不少难度。在设计全向圆极化天线时必须综合考虑天线各个性能指标，需要综合考虑，有时还需牺牲天线部分指标以满足个别重要指标，以保证天线在整体上达到指标要求[187]。本节对全向圆极化天线的实现方法进行了分类，并对每一类方法的相应文献进行了详细总结，用以指导本章全向圆极化天线的设计。

针对全向圆极化天线，研究人员提出多种实现方法。为便于分析，把现有的天线形式按波束覆盖范围和极化特性进行分类，则天线的形式有主要Ⅰ，Ⅱ，Ⅲ和Ⅳ，天线的形式及其关系如图 5-1 所示。

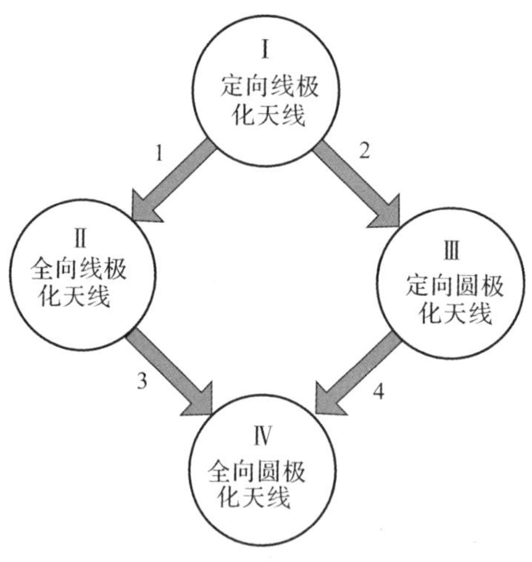

图 5-1　天线的主要形式及其关系

现有的常见天线形式有Ⅰ，Ⅱ和Ⅲ，而没有全向圆极化天线Ⅳ，要实现全向圆极化辐射，必须采用Ⅰ，Ⅱ和Ⅲ通过一定的方式来实现，主要有以下 4 种方法。

(1)由定向线极化天线,先实现全向辐射,再实现全向圆极化辐射,即 $\text{I}\xrightarrow{1}\text{II}\xrightarrow{3}\text{IV}$;

(2)由定向线极化天线,先实现圆极化辐射,再实现全向圆极化辐射,即 $\text{I}\xrightarrow{2}\text{III}\xrightarrow{4}\text{IV}$;

(3)由全向线极化天线,实现全向圆极化辐射,即 $\text{II}\xrightarrow{3}\text{IV}$;

(4)由定向圆极化天线,实现全向圆极化辐射,即 $\text{III}\xrightarrow{4}\text{IV}$。

全向天线一般都是线极化天线,圆极化天线一般都是定向天线,通过查找文献,发现文献报道的全向圆极化天线的形式比较少[141,189-201]。下面按这 4 种方法将全向圆极化天线的典型形式进行归纳和分析。

方法(1)的实现方式及典型形式。方法(1)先由线极化天线设计出全向天线,再对全向天线馈入圆极化波或其他手段来实现全向圆极化。一般来说,全向天线多用单极子或偶极子天线、锥天线或其变形,而这类天线本身多为线极化。全向天线辐射出的线极化波,通过外面加载的寄生单元,将单一的线极化波分解成相位相差 90°的两个等幅线极化波分量,这两个分量在远场合并形成圆极化波。文献[189]设计了工作于毫米波波段的全向圆极化天线,采用双锥喇叭结构,在圆柱谐振腔壁上倾斜开缝,缝隙切割纵向壁电流而激励出全向的垂直电场分量和水平电场分量。这两个场分量分别在双锥之间激励起 TE_{01} 波和 TEM 波,适当选取双锥尺寸,可使这两个正交极化波产生 90°相位差,从而实现全向的圆极化波。西安恒达微波公司采用此结构,开发出多个频段的“灯塔式宽带高增益圆极化全向天线”产品。

方法(2)的实现方式及典型形式。方法(2)先由线极化天线设计圆极化天线,然后将多个圆极化天线单元进行排列组合,使得其中每个单元都覆盖一定的方位角。这样,多个单元通过一定的方式组合起来,就能实现全向的圆极化。其主要步骤是:首先,设计出符合要求的圆极化天线单元,圆极化天线单元多使用微带贴片天线,也有利用对称振子,V 形振子及正交金属槽的组合等方法在一定的方位角上产生圆极化波;然后,把设计好的圆极化天线单元利用适当的方式,将各个单元组合起来,实现全向性,一般都是设计适当的串并联馈电网络,以保证各圆极化天线单元辐射波的幅度与相位一致。文献[190]介绍了一种 V 形振子阵列天线,利用两个相互垂直且相距 $\lambda_0/4$ 的 V 形振子构成一个子阵,在子阵的两个方向上,远区电场幅度相等,相位相差 90°,在两个方向上实现了相同旋向的圆极化波,并在前一个子阵的垂直方向上增加一个子阵，来提高方位面的圆极化性能。

方法(3)的实现方式及典型形式。方法(3)使用具有全向辐射特性的天线单元，来实现全向圆极化。文献[191]提出了一个宽带圆极化全向天线，其主辐射器是一双锥振子，振子四周分布16个菱形金属寄生单元，寄生单元耦合振子所辐射的部分能量，产生相移后再次辐射，与原振子辐射的能量叠加形成圆极化波，这种天线的缺点是结构较复杂，只适用于较低频率。文献[192]提出了一种主极子和倾斜寄生单元结构实现的全向圆极化天线，有3对寄生单元倾斜环绕在主极子的周围，寄生单元耦合主极子辐射的能量，并与其相对的寄生单元耦合辐射的能量相叠加，在空间产生90°相位差，从而实现全向的圆极化波。这种结构也可等效为多组相互垂直且相距$\lambda_0/4$的基本振子阵列，这种结构的缺点是辐射效率不高，实测的圆极化特性也不是太好。

方法(4)的实现方式及典型形式。方法(4)使用圆极化天线实现全向圆极化。用定向圆极化单元组成圆周阵列，这是最常用也是最简单的实现形式，阵列全向性能的好坏取决于单元波束的宽度和圆周上单元的个数。圆周阵列的单元个数一般在3个或3个以上，也有尝试用2个单元来覆盖整个方位面，如文献[193]采用背靠背矩形贴片天线实现了全向圆极化，这种天线有两个背靠背的切角矩形贴片，采用共面波导馈电，通过矩形贴片切角来实现圆极化，通过减小接地板的尺寸以提高方向面的波束覆盖。在1.9 GHz处，方位面的不圆度小于4 dB，轴比小于4 dB。文献[194]研究该结构在Ku波段的应用；这种结构的缺点是仅由2个单元来覆盖方位面，其全向性不好，同时在Ku波段以上，由于共面波导的尺寸限制了接地板的进一步减小，其全向性会更差。文献[195]设计了一种宽带圆极化微波电视全向发射天线，采用4个轴向模的螺旋天线在方位面进行组阵，方位面的不圆度小于3 dB。

当前，对全向圆极化天线的研究不多，且都或多或少地存在一定的缺陷，因此需进一步探索更好的实现方法。目前的研究工作很大程度上集中在单个圆极化天线上，在需要全向圆极化天线时，只是将多个圆极化天线按照一定方式进行排列组合，从而实现其全向性。采用这种方法所得到的天线性能往往无法达到最佳。本章在分析传统全向圆极化天线实现方式的基础上，利用复合左右手传输线的零阶谐振特性巧妙地设计了一种新型的全向圆极化天线，从分类上属于上述的第(3)种方法，即在全向天线的基础上，实现全向圆极化辐射，下面将详细介绍天线的设计原理、设计过程和设计结果。

5.2　蘑菇阵列单负零阶谐振全向天线

由第 1 章可知，复合左右手传输线具有零阶谐振特性，即在非零频率实现波长的无穷大。由于复合左右手传输线构成的零阶谐振器的谐振频率与物理尺寸无关，被广泛用于微波器件的小型化设计。复合左右手传输线的等效电路模型中零阶谐振频率取决于并联谐振[12,16]，去掉串联电容后不影响零阶谐振频率，本章将这种情况称为单负零阶谐振器，为便于对比，将传统零阶谐振器称为双负零阶谐振器。单负零阶谐振器的谐振频率同样与物理尺寸无关，并且与双负零阶谐振器相比，单负零阶谐振器具有更简单的结构，更容易实现[202]。本节从等效电路模型的角度分析了双负零阶谐振器与单负零阶谐振器的谐振特性，并分别研究了蘑菇阵列双负和单负零阶谐振天线的全向辐射特性，对两种天线的辐射方向图进行了对比分析，为后续的全向圆极化天线的设计奠定基础。

5.2.1　单负零阶谐振特性分析

由式(1-1)可知，传统微带线的色散关系是线性的，微带线谐振腔的谐振频率为基频的整数倍，各谐振频率的间距是相等的。通过实例仿真来验证上述结论，采用相对介电常数为 2.65，厚度为 0.8 mm 的介质板，50 Ω 微带线宽度为 2.2 mm，长度为 50 mm，两端的缝隙宽度为 0.1 mm。图 5-2 所示为微带线谐振腔传输系数的仿真结果。可看出，微带谐振腔的基频是 2 GHz，在基频整数倍的这些频率点，出现共振透射峰，这与理论分析结果一致。

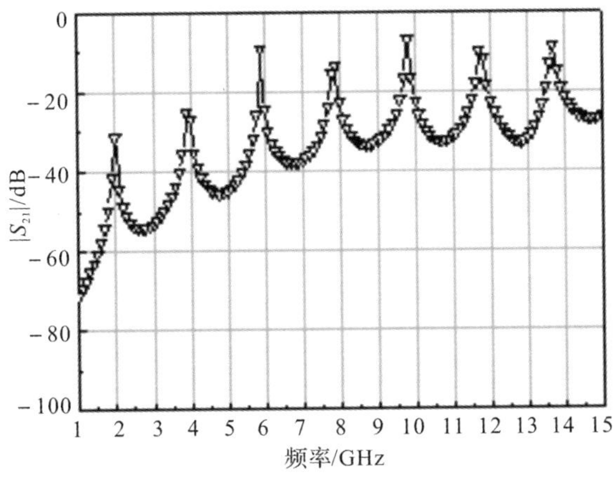

图 5-2　微带谐振腔的传输系数仿真结果

现在分析双负和单负复合左右手传输线谐振腔的传输特性。以基于$L-C$单元的双负和单负复合左右手传输线为研究对象，在输入输出端加载了两个耦合电容，如图 5-3 所示。为一般性起见，这里研究非平衡条件的情况，各元件的值分别为：$L_L=0.5$ nH，$C_L=1$ pF，$L_R=1$ nH，$C_R=1.5$ pF，$C_c=0.01$ pF。以 $L-C$ 单元个数取 1,2,3 和 4 为例，图 5-4 和图 5-5 所示分别为双负和单负复合左右手传输线谐振腔传输系数的仿真结果。

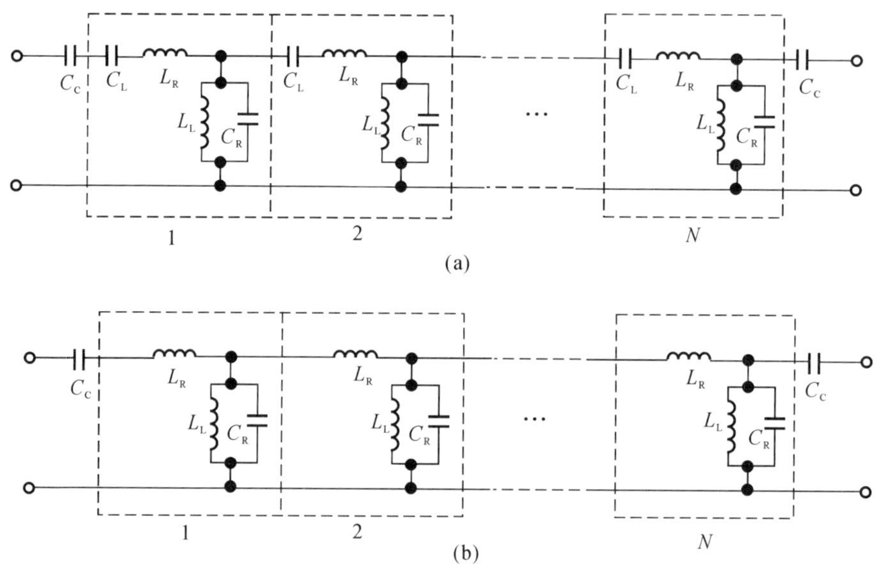

图 5-3　基于 $L-C$ 单元的复合左右手传输线谐振器示意图

(a)双负复合左右手传输线谐振腔；(b)单负复合左右手传输线谐振腔

由图 5-4 和图 5-5 可看出，双负复合左右手传输线谐振腔和单负复合左右手传输线谐振腔的零阶谐振频率均发生在 5.8 GHz，与并联谐振频率相等，可见，零阶谐振器的谐振频率只取决于并联谐振。周期结构的零阶谐振器工作在零阶谐振模式时，其谐振频率也只取决于单元的零阶谐振频率，而和结构的整个尺寸没有关系，各个谐振频率呈非线性分布，这验证了第 1 章的理论分析。

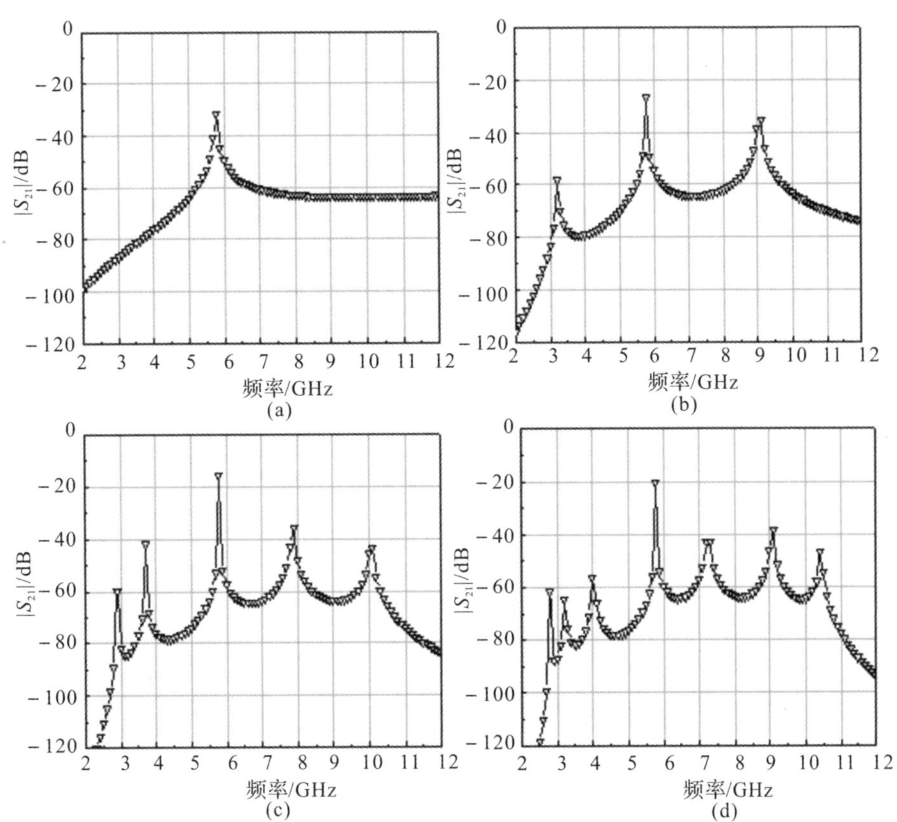

图 5-4　双负复合左右手传输线谐振腔的传输系数仿真结果
(a)1 单元;(b)2 单元;(c)3 单元;(d)4 单元

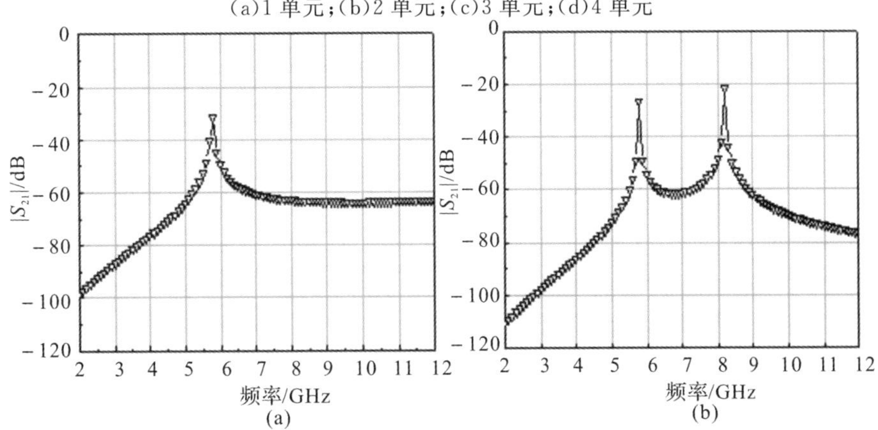

图 5-5　单负复合左右手传输线谐振腔的传输系数仿真结果
(a)1 单元;(b)2 单元

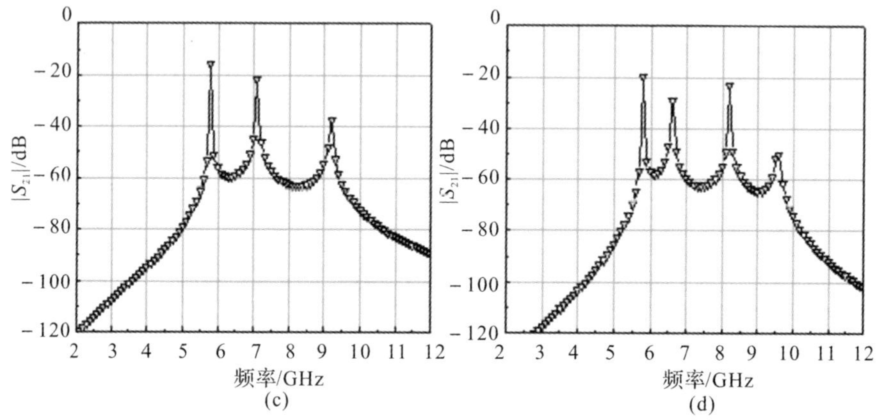

续图 5-5　单负复合左右手传输线谐振腔的传输系数仿真结果

(c)3 单元;(d)4 单元

由上述分析可以看出,普通的微带线谐振腔的谐振频率取决于腔的物理长度,这就限制了器件的尺寸。比如,普通微带线谐振腔其长度至少为 $\lambda_g/2$,但对于复合左右手传输线谐振腔,谐振频率和腔的物理长度之间没有绝对依赖关系,当谐振腔处于零阶谐振频率时,$\beta_0=0$,波长 $\lambda_g=\infty$,此时谐振腔内的场强时时处处相等,均以相同频率变化。随着研究的深入,零阶谐振器在天线中的应用也已经有不少报道。基于复合左右手传输线的零阶谐振天线具有剖面低,尺寸小,可以实现全向辐射的特点。

5.2.2　蘑菇阵列单负零阶谐振天线

蘑菇结构[6,203]是一种常见的零阶谐振器形式,它由一个矩形的金属贴片通过一个金属化过孔连接到地面构成的,$N\times N$ 个蘑菇阵列仍然是一个零阶谐振结构。由 2×2 个蘑菇阵列构成的双负和单负零阶谐振器分别如图 5-6(a)(b)所示。由图 5-6(a)所示的双负蘑菇阵列可看出,蘑菇单元有一个正方形的金属片,通过中心的金属柱与地板相连,左手电容效应由相邻金属片间的耦合提供,左手电感效应由接地的金属柱提供,右手电容效应由金属片和地板之间的耦合提供,右手电感效应由金属片上的电流提供。由图 5-6(b)所示的单负蘑菇阵列可看出,单负零阶谐振器缺少了相邻金属片间的耦合所提供的左手电容,其他均与双负蘑菇阵列相同。通过图 5-6 可以很容易得到双负和单负蘑菇阵列零阶谐振器的等效电路图,如图 5-7 所示。

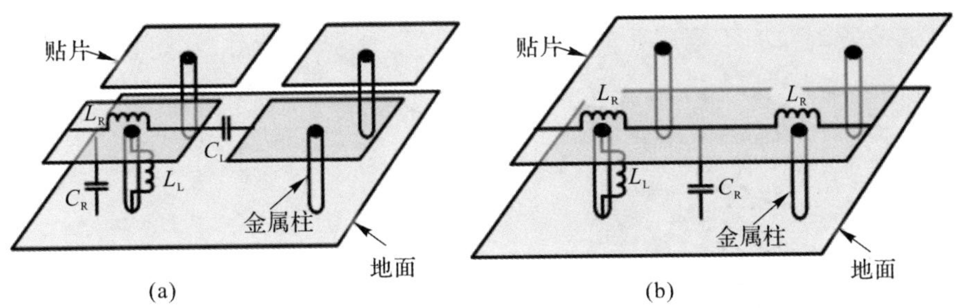

图 5-6　2×2 蘑菇阵列结构图

(a)双负;(b)单负

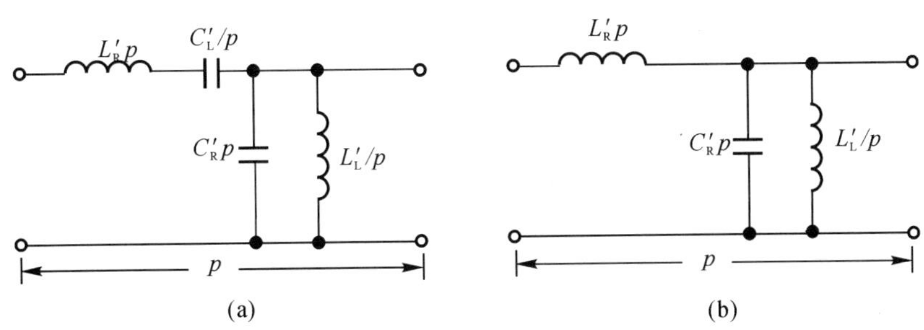

图 5-7　蘑菇结构等效电路模型

(a)双负;(b)单负

现在分析 2×2 蘑菇阵列的双负和单负零阶谐振天线的辐射特性,天线结构如图 5-8 所示。采用相对介电常数为 2.65,厚度为 2 mm 的介质板,蘑菇贴片总长度 l_1 为 48 mm,地板总长度 l_2 为 56 mm。双负结构中的正方形贴片长度为 23.9 mm,相邻贴片间距为 0.2 mm,金属柱位于贴片中心,通过优化计算馈电点位于图示对角线位置。单负结构的贴片之间没有宽度为 0.2 mm 的缝隙,馈电点位于整个天线的中心位置。

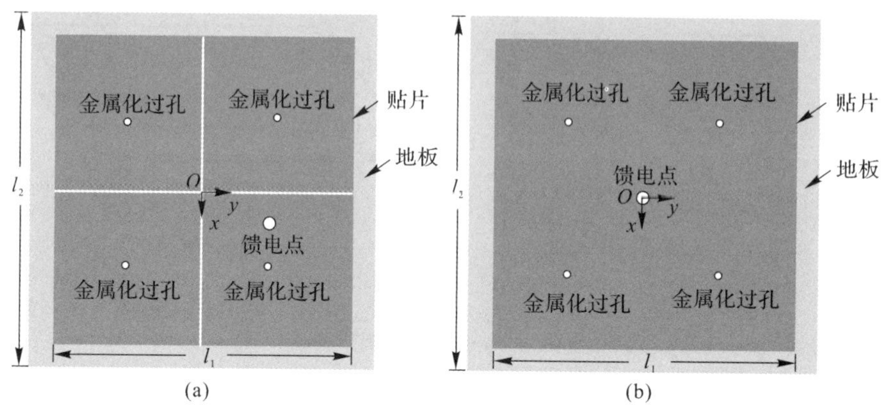

图 5-8　蘑菇阵列零阶谐振天线结构图
(a)双负；(b)单负

经计算，蘑菇阵列双负和单负零阶谐振天线的零阶谐振频率均为 1.7 GHz。图 5-9～图 5-11 所示分别为在零阶谐振频率处双负和单负零阶谐振天线在 xOy，xOz 和 yOz 面归一化方向图的仿真结果，由图 5-9 可看出两个天线均实现了方位面(xOy)的全向辐射，由图 5-10 和 5-11 可看出在 xOz 和 yOz 面具有类似偶极子天线的辐射方向图。

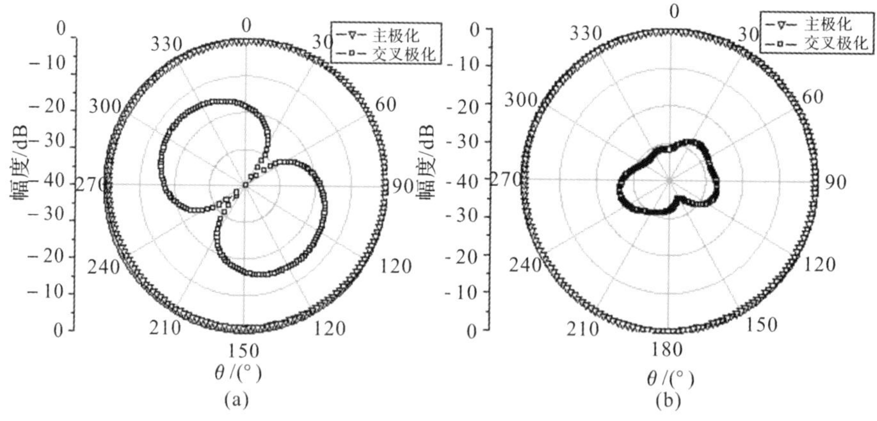

图 5-9　蘑菇阵列零阶谐振天线 xOy 面归一化方向图的仿真结果
(a)双负；(b)单负

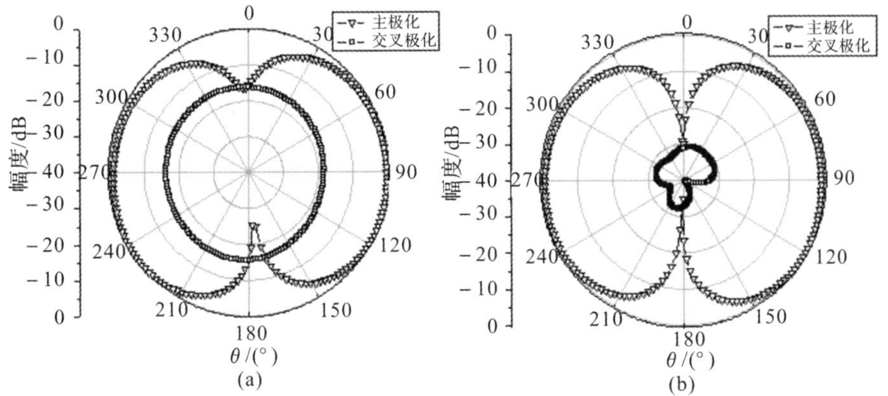

图 5-10　蘑菇阵列零阶谐振天线 xOz 面归一化方向图的仿真结果

(a)双负；(b)单负

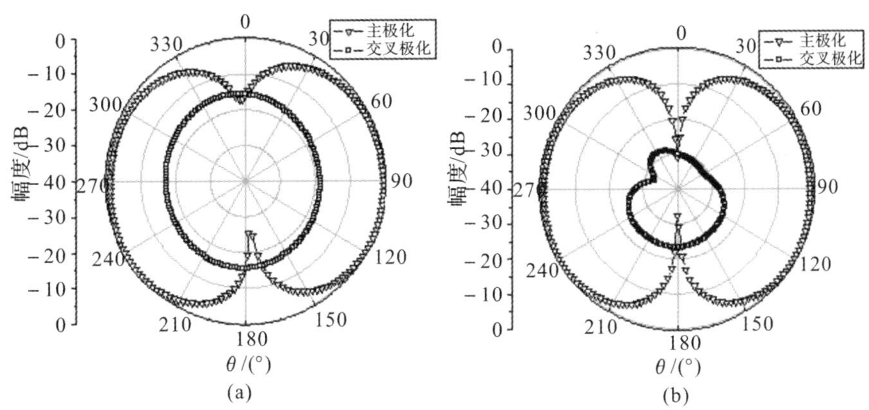

图 5-11　蘑菇阵列零阶谐振天线 yOz 面归一化方向图的仿真结果

(a)双负；(b)单负

由天线方向图的仿真结果可知，双负零阶谐振天线的交叉极化较高，且在 xOz 面和 yOz 面的方向图有 10°左右的偏移，而单负零阶谐振天线具有更对称的方向图和更低的交叉极化，原因在于双负天线的馈电点偏离天线中心，造成方向图的不对称和交叉极化的增大，而单负天线的馈电点位于天线中心，因此方向图更加对称，具有更低的交叉极化。并且单负天线不需要蘑菇贴片间的缝隙，因此计算和设计更加简单，加工误差更小。另外，单负天线不存在低于零阶频率的负阶频率。

5.3 基于单负零阶谐振器的小型全向圆极化天线

由5.2.2节的分析可知，单负零阶谐振天线在设计和实际应用上比双负零阶谐振天线具有更大的优势，并且蘑菇结构的零阶谐振器在零阶谐振下的辐射模式可等效为一电偶极子天线，若在地板上加载环形支节，则可获得环向电流，这个环向电流可等效为一磁偶极子天线[12]，等效的电、磁偶极子天线具有相同的相位中心，通过调节地板上的加载支节，可使等效的电、磁偶极子天线具有相同的幅度和90°的相位差，这样就可在方位面实现全向圆极化。本节将利用这一原理设计基于蘑菇阵列单负零阶谐振器的小型全向圆极化天线。

5.3.1 仿真结果

图5-12显示了所设计的全向圆极化天线的结构图，图中的深色区域为顶层贴片，浅色区域为地板。图5-13所示为一个周期内贴片电场分布和地板电流分布图。

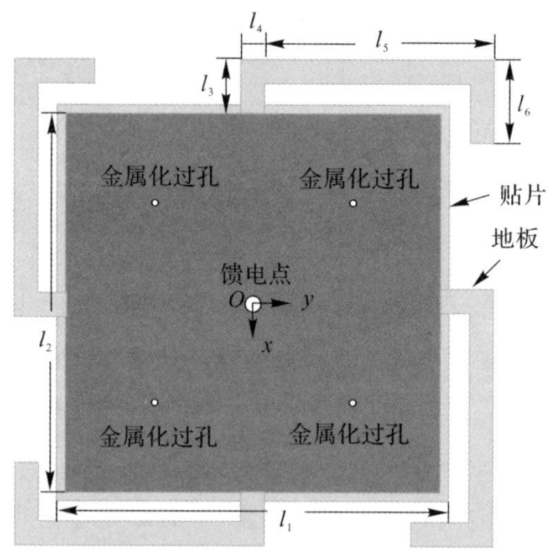

图5-12 基于单负零阶谐振的全向圆极化天线结构

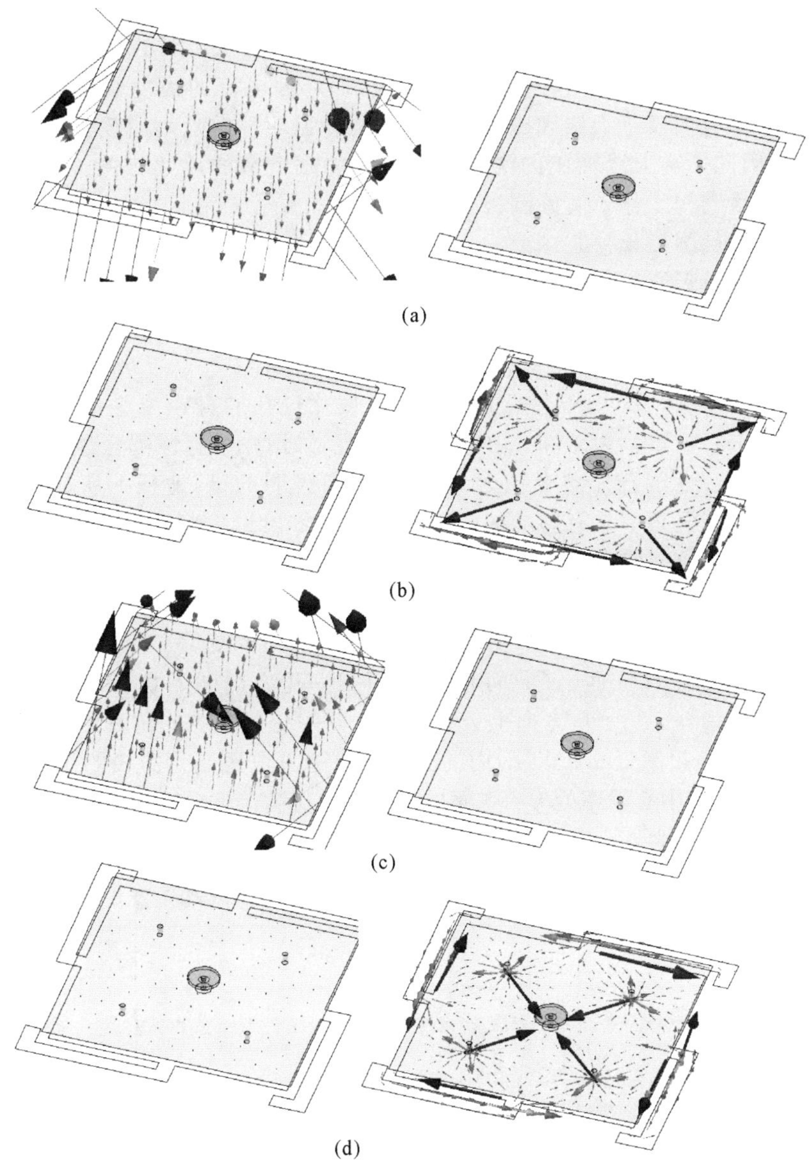

图 5 - 13　天线顶层贴片的电场和地板上的电流分布图

(a) $t=0$;(b) $t=T/4$;(c) $t=T/2$;(d) $t=3T/4$

由图 5 - 13 可看出，由于天线是通过零阶谐振模式进行辐射的，此时天线类似于一个电容器，电场能量和磁场能量进行周期性的转换。在零阶谐振模式下，天线上的电流分布包括径向电流和环向电流，径向电流的辐射可看作电偶极子天线的辐射，而环向电流的辐射可看作磁偶极子天线的辐射。影响磁偶极子天线辐射功率的是环向电流的幅度，而环向电流的幅度取决于支节宽度的大小。电偶极子天线和磁偶极子天线的初始相位差是由加载支节的长度决定的，因此影响天线轴比的两个因素均和加载支节的尺寸有关。图 5 - 12 所示的天线结构工作于右旋圆极化模式，如果支节沿着相反的方向加载，天线则工作于左旋圆极化模式。

本设计对天线增益要求不高，但相当重要的一点是保证天线增益最大处辐射圆极化波，即天线主瓣方向应与天线极化最好的方位角一致。

经过优化设计，天线最终的尺寸为：$l_1=48$ mm，$l_2=46$ mm，$l_3=5$ mm，$l_4=3$ mm，$l_5=26.5$ mm，$l_6=7$ mm，4 个金属化过孔的直径为 1 mm，馈电点位于天线中心位置。为了和 50 Ω 馈线相匹配，采用一个容性耦合片来进行阻抗匹配[204]，容性耦合片的半径为 3 mm。需要说明的是，地板上所加支节的长度对零阶谐振频率是有影响的，且支节越长，零阶谐振频率越低，其原因是支节长度增大使并联电容增大，而零阶谐振频率由并联谐振频率决定，因此随着支节的增加，零阶谐振频率降低。

图 5 - 14 所示为反射系数的仿真结果；图 5 - 15～图 5 - 17 所示分别为中心频率处天线在 xOy 面、xOz 面和 yOz 面归一化方向图的仿真结果；图 5 - 18 所示为 $\varphi=0°$，$\theta=90°$方向上天线轴比随频率变化曲线的仿真结果；图 5 - 19 所示为中心频率处 $\theta=90°$面内的天线轴比随方位角变化曲线的仿真结果；图 5 - 20 所示为中心频率处 $\varphi=0°$面内的天线轴比随俯仰角变化曲线的仿真结果；图 5 - 21 所示为 $\varphi=0°$，$\theta=90°$方向上天线增益随频率变化曲线的仿真结果。

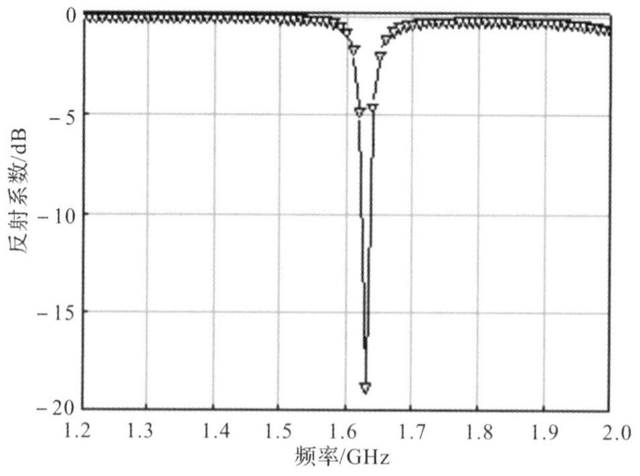

图 5 - 14　反射系数仿真结果

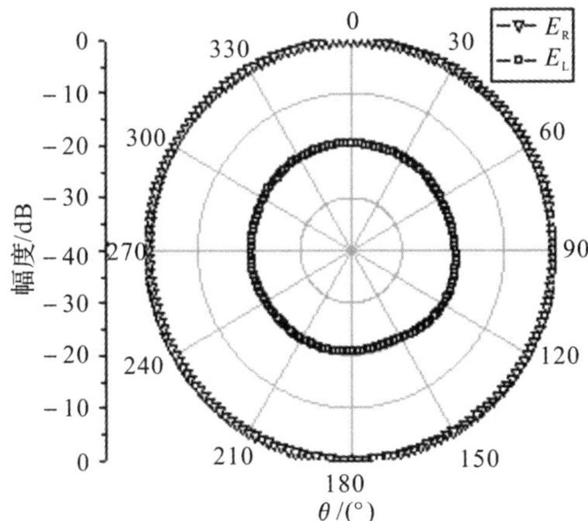

图 5-15　中心频率处天线 xOy 面方向图的仿真结果

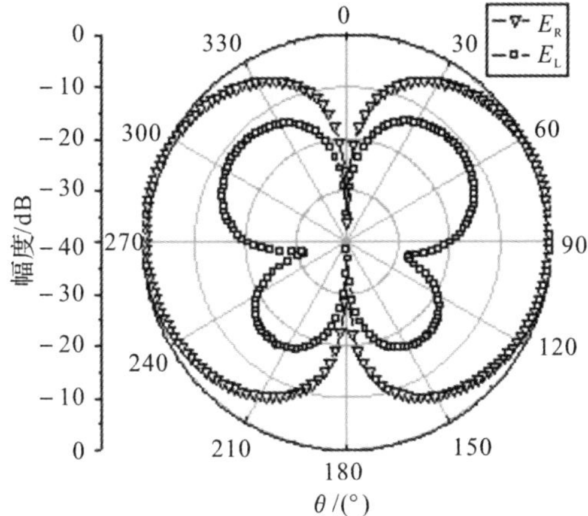

图 5-16　中心频率处天线 xOz 面方向图的仿真结果

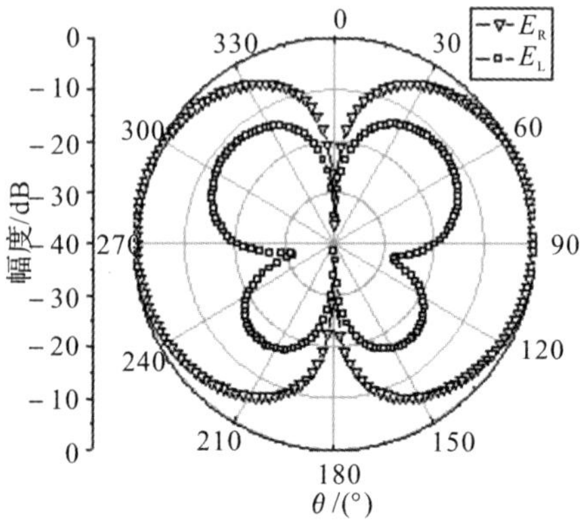

图 5-17　中心频率处天线 yOz 面方向图的仿真结果

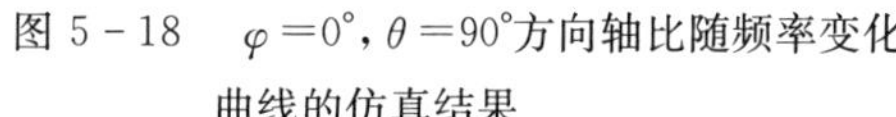

图 5-18　$\varphi=0°$，$\theta=90°$方向轴比随频率变化曲线的仿真结果

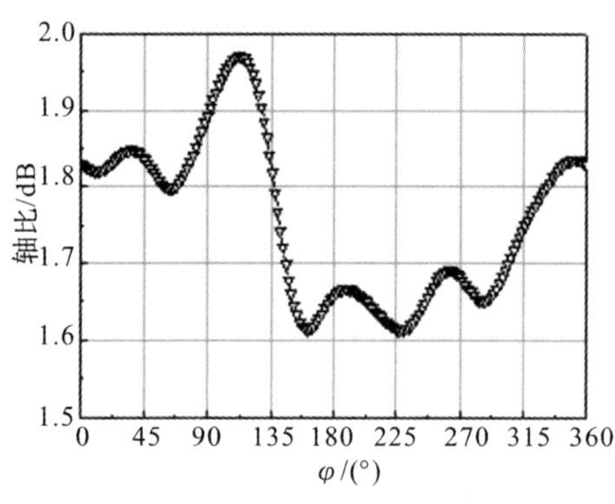

图 5-19　$\theta=90°$面轴比随方位角变化曲线的仿真结果

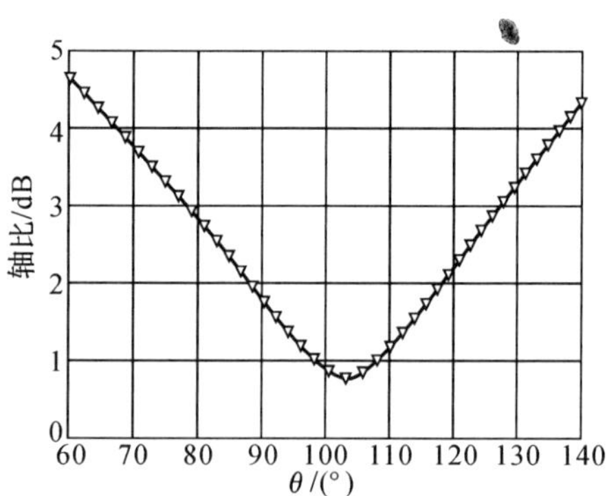

图 5-20　$\varphi=0°$面轴比随俯仰角变化曲线的仿真结果

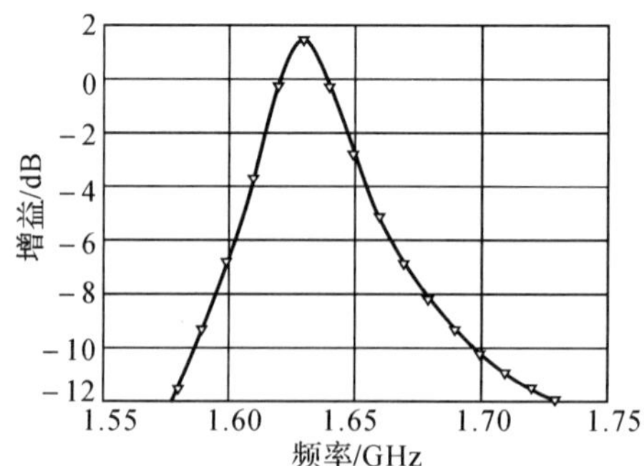

图 5-21　$\varphi=0°$，$\theta=90°$方向增益随频率变化曲线的仿真结果

由图 5－14 所示的反射系数仿真结果可知，天线的零阶谐振频率为 1.63 GHz(中心频率)；由图 5－15～图 5－17 所示的中心频率处天线方向图的仿真结果可知，天线在 xOy 面(方位面)实现了全向辐射，方位面的不圆度小于 0.23 dB，同时，在 xOz 面和 yOz 面(俯仰面)具有类似偶极子天线的辐射方向图，该结果与图 5－9～图 5－11 所示的单负/双负零阶谐振天线的方向图的仿真结果一致。

由图 5－18 所示的轴比随频率变化曲线的仿真结果可知，在中心频率 1.63 GHz 处的轴比为 1.8 dB，天线 3 dB 轴比范围为 1.35～1.74 GHz(相对带宽为 25.2%)；由图 5－19 所示的中心频率处天线轴比随方位角变化曲线的仿真结果可知，在整个方位面内，轴比均小于 2 dB；由图 5－20 所示的中心频率处天线轴比随俯仰角变化曲线的仿真结果可知，轴比小于 3 dB 的波束范围为 78°～126°，波束宽度达到 48°；由图 5－21 所示的天线增益随频率变化曲线的仿真结果可知，在中心频率 1.63 GHz 处，天线最大增益为 1.54 dB。

5.3.2　实验结果

图 5－22 所示为天线组装前后的实物图；图 5－23 所示为反射系数的实验结果；图 5－24～图 5－26 所示为零阶谐振频率处天线在 xOy 面、xOz 面和 yOz 面内归一化方向图的实验结果；图 5－27 所示为 $\varphi=0°$，$\theta=90°$方向上天线轴比随频率变化曲线的实验结果；图 5－28 所示为中心频率处 $\theta=90°$面内天线轴比随方位角变化曲线的实验结果；图 5－29 所示为中心频率处 $\varphi=0°$面内天线轴比随俯仰角变化曲线的实验结果；图 5－30 所示为 $\varphi=0°$，$\theta=90°$方向上天线增益随频率变化曲线的实验结果。

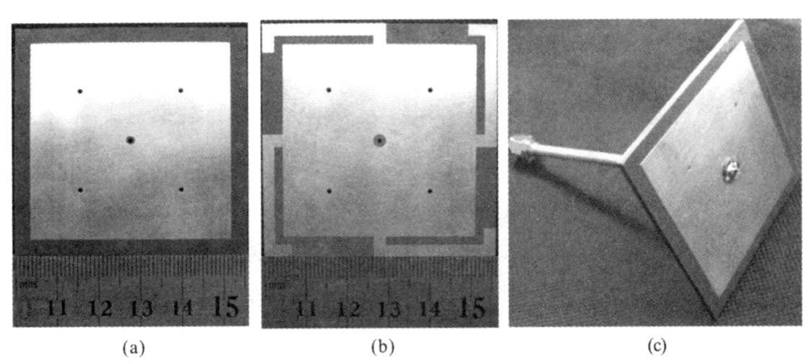

(a)　(b)　(c)

图 5－22　基于单负零阶谐振的全向圆极化天线实物图

(a)贴片；(b)地面；(c)组装图

由图 5－22 所示的天线实物图可知，整个天线的尺寸为 $0.3\lambda_0 \times 0.3\lambda_0 \times 0.01\lambda_0$，与传统谐振天线相比，所设计天线实现了小型化；由图 5－23 所示的反射系数实验结果可知，天线的零阶谐振频率为 1.61 GHz（中心频率），仿真结果为 1.63 GHz，测试的 10 dB 相对带宽为 1.3%；由图 5－24～图 5－26 所示的中心频率处天线方向图的实验结果可知，天线在 xOy 面（方位面）实现了全向辐射，方位面内的不圆度小于 0.32 dB，同时，在 xOz 面和 yOz 面（俯仰面）具有类似偶极子天线的辐射方向图，与仿真方向图一致；可看出实验结果与仿真结果一致，但实验方向图较仿真结果稍差，主要是由于天线尺寸比较小，架设过程中很难保证天线平面完全处于水平位置，从而影响天线的辐射方向图。

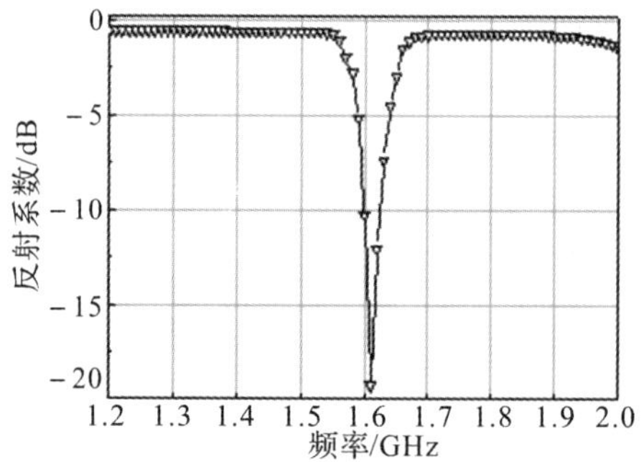

图 5－23　反射系数实验结果

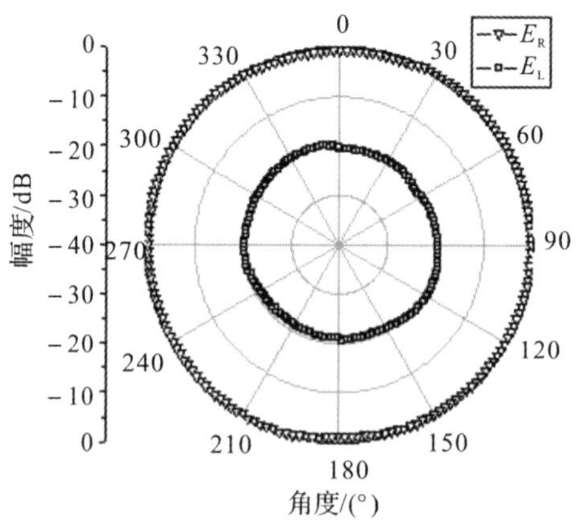

图 5－24　中心频率处天线 xOy 面方向图的实验结果

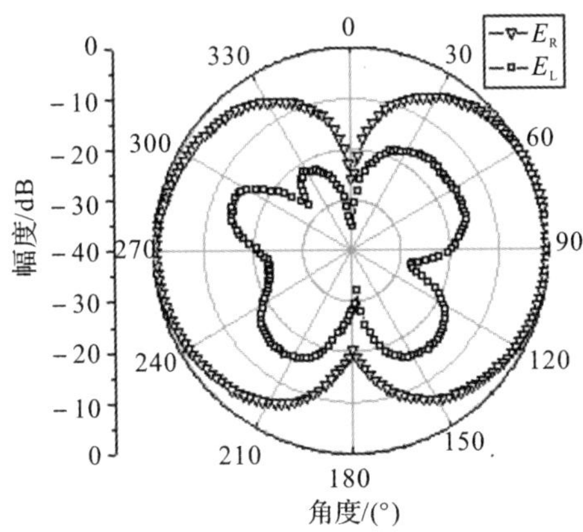

图 5-25　中心频率处天线 xOz 面方向图的实验结果

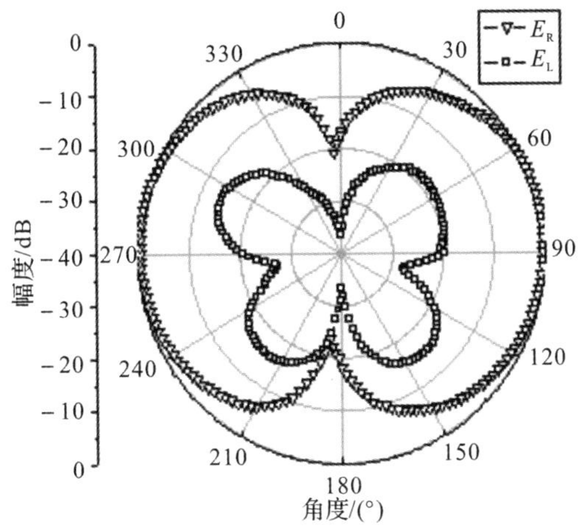

图 5-26　中心频率处天线 yOz 面方向图的实验结果

由图 5-27 所示的轴比随频率变化曲线的实验结果可知，在中心频率 1.61 GHz 处的轴比为 2.1 dB，天线 3 dB 轴比带宽为 1.4～1.75 GHz（相对带宽为 22.2%），比仿真结果稍差，主要是由于制造误差和实验环境引起的；由图 5-28 所示中心频率处天线轴比随方位角变化曲线的实验结果可知，在整个方位面内，轴比均小于 2.1 dB；由图 5-29 所示中心频率处天线轴比随俯仰角变化曲线的实验结果可知，轴比小于 3 dB 的波束范围为 78°～120°，波束宽度达到 42°；由图 5 - 30 所示的天线增益随频率变化曲线的实验结果可知，在中心频率 1.61 GHz 处，天线最大增益为 1.11 dB。

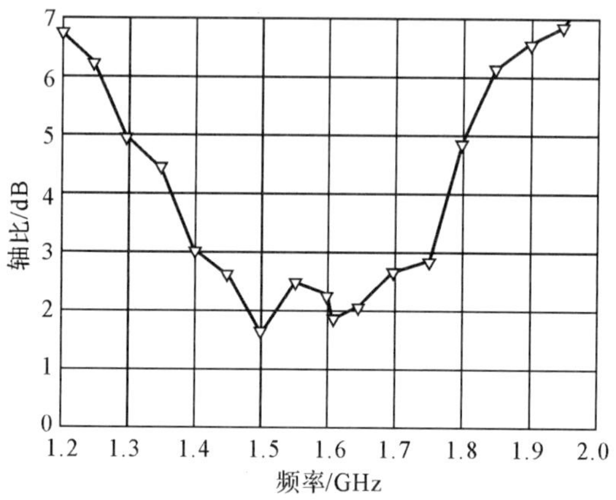

图 5 - 27　$\varphi=0°$，$\theta=90°$方向轴比随频率变化曲线的实验结果

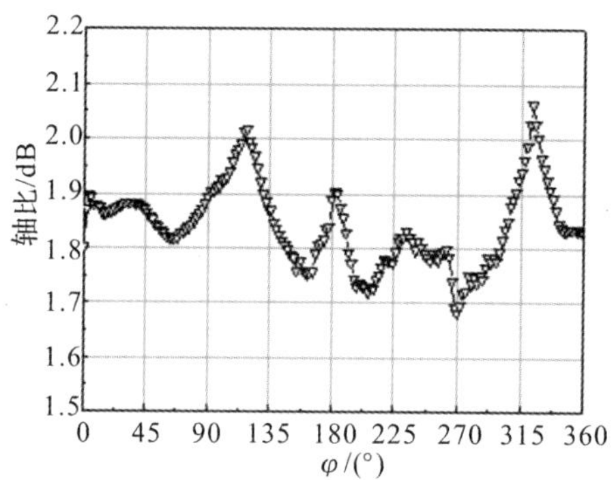

图 5 - 28　$\theta=90°$面轴比随方位角变化曲线的实验结果

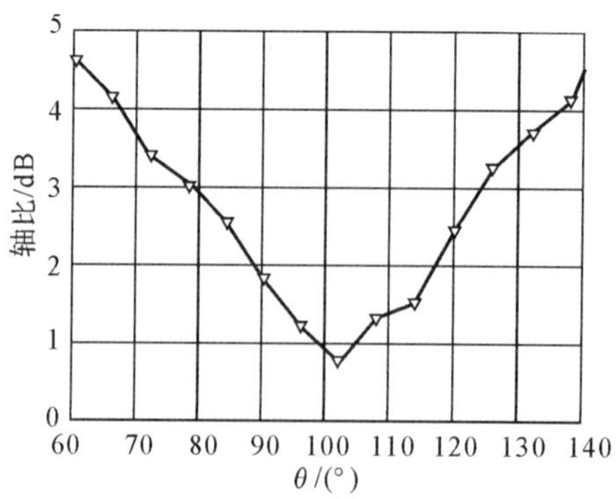

图 5 - 29　$\varphi=0°$面轴比随俯仰角变化曲线的实验结果

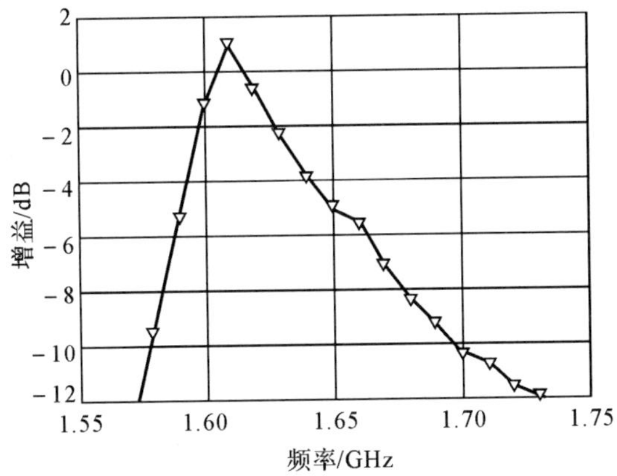

图 5-30　$\varphi=0°$，$\theta=90°$方向增益随频率变化曲线的实验结果

由天线的实验结果可看出，所设计的基于单负零阶谐振器的全向圆极化天线，尺寸小，具有方位面内的全向辐射方向图，能够覆盖大的服务区域，同时具有良好的圆极化性能。本章设计的基于单负蘑菇阵列零阶谐振器的小型全向圆极化天线具有以下突出优点。

(1)尺寸小，由于零阶谐振器的谐振频率和谐振腔的物理长度之间没有绝对依赖关系，因此可以设计小型化天线，且地板上所加支节可以进一步降低谐振频率。

(2)单平面单馈电结构，不需要传统天线实现全向圆极化所需的 90°移相器和双馈电网络，更容易设计和加工；不需要双负零阶谐振所需的容性缝隙，容性缝隙增加了计算时间和加工难度，而所设计的天线不需要该缝隙，使计算速度更快，加工更精确。

(3)与双负零阶谐振全向圆极化天线相比，提出天线不需要缝隙电容，馈电点可位于天线几何中心，使方向图的对称性更好，圆极化度也更好；由于馈电点固定，只需通过容性耦合片的直径调节匹配，设计和实现更简单。

5.4　小　　结

全向圆极化天线由于同时具有全向辐射特性和圆极化辐射特性这两个特殊的性能，被广泛应用于通信、雷达、遥感遥测、电子侦察与电子干扰等方面。本章根据复合左右手传输线的零阶谐振特性，设计了基于单负蘑菇阵列零阶谐振器的小型全向圆极化天线。

(1)在对全向圆极化天线的实现方法进行了系统分类和总结的基础上,通过计算验证了微带线谐振腔的谐振关系是线性的,双负复合左右手传输线谐振腔的谐振模式是非线性的,谐振模式可为正阶、负阶和零阶,而单负复合左右手传输线谐振腔的谐振模式也是非线性的,谐振模式可为正阶和零阶。

(2)对比分析了双负复合左右手传输线和单负复合左右手传输线零阶谐振天线的辐射特性。发现两种天线均具有方位面内的全向辐射特性,具有类似偶极子天线的辐射方向图,并且单负零阶谐振天线具有更对称的全向方向图和更低的交叉极化,在设计全向天线时更具优势。

(3)基于单负蘑菇阵列零阶谐振器设计了小型化全向圆极化天线。由于蘑菇结构的单负零阶谐振天线可等效为电偶极子天线,在地板上加载环形支节可获得环向电流,等效为磁偶极子天线,通过调节加载支节的尺寸,可使等效的电、磁偶极子天线具有相同的幅度和 90°的相位差,从而可在方位面实现全向圆极化。

实验结果表明,基于单负零阶谐振器的全向圆极化天线,尺寸小,具有方位面内的全向辐射方向图,能够覆盖大的服务区域,同时具有良好的圆极化性能。

第6章 结 束 语

复合左右手传输线的理论与应用研究已在微波技术领域深入展开，特别是在天馈线系统中的应用研究已成为热点。复合左右手传输线的色散曲线是非线性的且其相位常数可在实数域内任意取值，使其具有传统传输线所不具备的双/多频特性、宽带移相特性、小型化特性及零/负阶谐振特性，基于复合左右手传输线的微波器件具有许多传统结构所不具备的功能。因此，对复合左右手传输线在天馈线系统中的理论和应用研究具有重要的意义和广阔的应用前景。

本书以复合左右手传输线的设计及其在天馈线系统中的应用为研究对象，对基于复合左右手传输线的双频微带天线阵列、宽带圆极化天线阵列、双圆极化和差波束形成网络及小型全向圆极化天线进行了深入研究，主要工作总结如下。

(1)基于平衡复合左右手传输线的双频微带天线阵列。对双/多频天线单元及双频天线阵列的研究现状进行了系统总结；提出了基于交指缝隙和接地过孔的新型平面复合左右手传输线结构，通过色散曲线证明了该结构为复合左右手传输线，并提出了结构的等效电路模型；深入分析了新型复合左右手结构的传输特性，发现其左手通带和右手通带均单独可调，且在平衡条件下具有带通滤波特性；利用平衡条件的带通滤波特性，设计了新型的C波段、X波段的复合左右手带通滤波器及复合左右手双工器；分别设计了工作于C/X波段的天线单元及4元天线子阵，并结合复合左右手双工器实现了C/X波段的双频微带天线阵列。

(2)基于单一复合左右手传输线的宽带圆极化天线阵列。深入分析了顺序旋转阵列中天线单元的极化特性、馈电幅度比和馈电相位差对阵列圆极化特性和增益特性的影响；从理论上分析了单一复合左右手传输线的色散特性，推导了相移常数的表达式，提出了利用单一复合左右手传输线结构的非线性相位特性设计宽带移相器的方法；根据提出的单一复合左右手传输线宽带移相器的设计方法，分别设计了宽带90°和180°移相器，以及具有宽带相位差的4元顺序旋转馈电网络；设计了宽带圆极化天线单元，结合宽带相位差的4元顺序旋转馈电网络设计了4元宽带圆极化天线阵列。

(3)基于复合左右手移相器的双圆极化和差波束形成网络。给出了8元顺序旋转圆极化天线阵列中产生和波束与差波束的馈电相位表达式,通过计算验证了相位表达式的正确性;给出了实现和差波束幅相关系的和波束形成网络及差波束形成网络的拓扑结构,并详细分析了其工作原理;利用提出的单一复合左右手传输线宽带移相器的设计方法分别设计了宽带45°,90°和180°移相器;结合宽带三分支3 dB分支线耦合器和威尔金森功分器,按照和差网络的拓扑结构分别设计了宽带双圆极化和波束及差波束形成网络。

(4)基于单负零阶谐振器的小型全向圆极化天线。对全向圆极化天线的实现方法进行了分类,并对每一类方法的相应文献进行了详细总结;对比分析了双负和单负零阶谐振天线的全向辐射特性,发现单负零阶谐振天线具有更对称的全向方向图和更低的交叉极化,且结构简单,在设计全向天线时更具优势;单负零阶谐振天线可等效为电偶极子天线,在地板上加载环形支节可获得环向电流,环向电流等效为磁偶极子天线,通过调节环形支节的尺寸,可在方位面实现全向圆极化辐射,基于此方法设计了小型全向圆极化天线。

本书在基于复合左右手传输线的双频微带天线阵列、宽带圆极化天线阵列、双圆极化和差波束形成网络和小型全向圆极化天线等方面取得了研究成果,并在军事上获得了应用,但复合左右手传输线在天馈线系统中的应用研究是一个不断发展的领域,仍有许多新的军事需求课题需要笔者下一步进行深入研究,主要有以下几方面的内容。

(1)复合左右手传输线在双频微带天线阵列的应用方面。本书在第2章设计的新型的复合左右手传输线左手通带和右手通带均单独可调,且在平衡条件下具有带通滤波特性,在非平衡条件下具有双频滤波特性。本书研究了新型复合左右手传输线在平衡条件的带通滤波特性在双频微带天线阵列中的应用,其实在非平衡条件下利用所提出的新型复合左右手传输线可以设计性能良好的双通带滤波器,当宽带天线需要抑制某些频率的干扰或者只允许天线在某两个频率点上进行工作时,就可以利用所提出的复合左右手传输线在非平衡条件下的双频滤波特性设计双频微带天线阵列。

(2)复合左右手传输线在宽带圆极化天线阵列的应用方面。本书在第3章利用单一复合左右手传输线设计了新型的超宽带移相器,并设计了宽带移相的4元顺序旋转宽带圆极化天线阵列,4元阵列中参与旋转的对象是单个单元,实际上,根据顺序旋转技术定义,将单个单元组成的阵列再作为一个单元看待而采用顺序旋转技术,可以形成更大的顺序旋转阵列,称为多次顺序旋转阵列,可使天线的轴比特性和增益特性得到更大的提高。

(3)复合左右手传输线在圆极化单脉冲天线阵列的应用方面。本书在第 4 章利用基于复合左右手传输线的宽带移相器设计了双圆极化和差波束形成网络，可实现左旋圆极化和波束、右旋圆极化和波束、左旋圆极化差波束和右旋圆极化差波束四个波束，由于时间关系没有设计天线阵列，接下来可设计 8 元宽带环形天线阵列，并与所设计的宽带双圆极化和差波束形成网络组成圆极化，这样，该天线系统就可实现左/右旋和波束发射/接收、左/右旋差波束接收的功能，在单脉冲雷达系统中具有很高的应用价值。

(4)复合左右手传输线在全向圆极化天线阵列的应用方面。本书在第 5 章利用复合左右手传输线的零阶谐振特性，设计了基于单负蘑菇阵列谐振器的全向圆极化天线，该天线尺寸小，具有方位面内的全向辐射方向图，同时具有良好的圆极化性能；但其缺点是频带窄，增益较低，下一步的研究方向是如何展宽其匹配带宽以及进行纵向组阵以提高天线增益。

(5)复合左右手传输线在相控阵列天馈线系统的应用方面。本书第 3 章提出了利用单一复合左右手传输线设计超宽带移相器的方法，并设计了 45°，90°和 180°的宽带移相器，基于此可以设计宽带 4 位数字移相器，数字式移相器因其快捷灵活的控制而备受青睐，其最主要的应用领域是相控阵列雷达。相控阵列雷达是采用电扫描方式工作的，利用电子计算机控制移相器改变天线孔径上的相位分布来实现波束在空间的扫描，具有功能多、机动性强、反应时间短、数据率高、抗干扰能力强及可靠性高等诸多特点，是现代雷达发展的一个重要分支。

(6)基于分形几何的复合左右手传输线在天馈线系统的应用方面。分形几何也是微波技术领域的一个研究热点，利用分形几何结构的空间填充特性所设计的微波器件具有小型化特征，利用分形几何结构的自相似特性所设计的微波器件具有多/宽频带特征。本课题组申请了“基于分形几何的复合左右手传输线研究”的国家自然科学基金项目，由于笔者在项目中主要承担复合左右手传输线的应用研究，下一步可结合分形几何研究复合左右手传输线在天馈线系统中的应用。

总之，复合左右手传输线在天馈线系统中的理论与应用研究还有许多问题值得我们去探索，随着研究的不断深入，其理论与技术必将会越来越完善，应用会越来越广泛。

参考文献

[1] VESELAGO V G. The electrodynamics of substances with simultaneously negative values of ε and μ [J]. Soviet Physics Uspekhi, 1968, 10(4):509－514.

[2] PENDRY J B , HOLDEN A J, STEWART W J, et al. Extremely low frequency plasmons in metallic mesostructures [J]. Physical Review Letters, 1996, 76(25):4773－4776.

[3] PENDRY J B, HOLDEN A J, ROBBINS D J, et al. Magnetism from conductors and enhanced nonlinear phenomena [J]. IEEE Transactions on Microwave Theory and Techniques, 1999, 47(11):2075－2084.

[4] SMITH D R, PADILLA W J, VIER D C, et al. Composite medium with simultaneously negative permeability and permittivity [J]. Physical Review Letters, 2000, 84(18):4184－4187.

[5] SHELBY R A, SMITHAND D R, SCHULTZ S. Experimental verification of a negative index of refraction [J]. Science, 2001, 292(6):77－79.

[6] SANADA A, CALOZ C, ITOH T. Planar distributed structures with negative refractive index [J]. IEEE Transactions on Microwave Theory and Techniques, 2004, 52(4):1252－1263.

[7] CALOZ C, ITOH T. Transmission line approach of left－handed (LH) materials and microstrip implementation of an artificial LH transmission line [J]. IEEE Transactions on Antennas and Propagation, 2004, 52(5):1159－1166.

[8] ELEFTHERIADES G V, IYER A K, KREMER P C. Planar negative refractive index media using periodically *L-C* loaded transmission lines [J]. IEEE Transactions on Microwave Theory and Techniques, 2002, 50(12):2702－2712.

[9] IYER A K, KREMER P C, ELEFTHERIADES G V. Experimental and theoretical verification of focusing in a large, periodically loaded

transmission line negative refractive index metamaterial [J]. Optics Express, 2003, 11(7):696-708.

[10] TAYLOR R. RF Market Directions: The Lockheed Martin Perspective [C]//Lockheed Martin Corporation, Maryland: 2008.

[11] 陈文灵. 分形几何在微波工程中的应用研究[D]. 西安: 空军工程大学, 2008.

[12] 安建. 复合左右手传输线理论与应用研究[D]. 西安: 空军工程大学, 2009.

[13] ELEFTHERIADES G V. A generalized negative - refractive - index transmission - line (NRI - TL) metamaterial for dual - band and quad - band applications [J]. IEEE Microwave and Wireless Components Letters, 2007, 17(6):415-417.

[14] ZIOLKOWSKI R W, CHENG C Y. Lumped element models of double negative metamaterial - based transmission lines [J]. Radio Science, 2004, 39(1):729.

[15] LIN X Q, LIU R P, YANG X M, et al. Arbitrarily dual - band components using simplified structures of conventional CRLH TLs [J]. IEEE Transactions on Microwave Theory and Technique, 2006, 54 (7):2902-2909.

[16] CALOZ C, ITOH T. Electromagnetic metamaterials: transmission line theory and microwave applications [M]. New Jersey: John Wiley & Sons, Inc, 2006.

[17] SANADA A, CALOZ C, ITOH T. Novel zeroth - order resonance in composite right/left - handed transmission line resonators [C]//Proceedings of Asia Pacific Microwave Conference, Shah Alam: 2003.

[18] GRBIC A, ELEFTHERIADES G V. A backward - wave antenna based on negative refractive index *L-C* networks [C]//Proceedings of IEEE Antennas and Propagation Society International Symposium USNC/URSI National Radio Science Meeting, San Antonio: 2002.

[19] CALOZ C, ITOH T. Positive/negative refractive index anisotropic 2 - D metamaterials [J]. IEEE Microwave and Wireless Components Letters, 2003, 13(12):547-549.

[20] ZENG H Y, WANG G M, YU Z W, et al. Miniaturization of branch -

line coupler using composite right/left - handed transmission lines with novel meander - shaped - slots CSSRR [J]. Radioengineering, 2012, 21(2):606 - 610.

[21] GIL M, BONACHE J, GIL I, et al. Artificial left - handed transmission lines for small size microwave components: application to power dividers [C]// Proceedings of European Microwave Conference, Manchester: 2006.

[22] FALCONE F, LOPETEGI T, LASO M A G, et al. Babinet principle applied to the design of metasurfaces and metamaterials [J]. Physical Review Letters, 2004, 93(19):197401.

[23] GIL M, BONACHE J, SELGA J, et al. Broadband resonant - type metamaterial transmission lines [J]. IEEE Microwave and Wireless Components Letters, 2007, 17(2):97 - 99.

[24] BONACHE J, GIL M, GIL I, et al. On the electrical characteristics of complementary metamaterial resonators [J]. IEEE Microwave and Wireless Components Letters, 2006, 16(10):543 - 545.

[25] 傅关新，竹有章，孙超，等．一种小型化超宽带复合左右手传输线的设计[J]. 科学技术与工程，2011，11(29):7105 - 7107.

[26] 许河秀，王光明，张晨新，等．基于分形互补开口环谐振器的复合左右手传输线研究[J]. 工程设计学报，2011，18(1):71 - 76.

[27] 黄健全，褚庆昕，刘传运．新型超宽带复合左右手传输线的设计与实现[J]. 电波科学学报，2010，25(3):460 - 465.

[28] MARTIN F, BONACHE J, FALCONE F, et al. Split ring resonator - based left - handed coplanar waveguide [J]. Applied Physics Letters, 2003, 83(22):4652.

[29] SIDDIQUI O F, MOJAHEDI M, ELEFTHERIADES G V. Periodically loaded transmission line with effective negative refractive index and negative group velocity [J]. IEEE Transactions on Antennas and Propagation, 2003, 51(10):2619 - 2625.

[30] ENGHETA N. An idea for subwavelength cavity resonators using metamaterials with negative permittivity and permeability [J]. IEEE Antennas Wireless Propagation Letters, 2002, 1:10.

[31] ZHOU L, LI H Q, QIN Y Q, et al. Directive emissions from sub-

wavelength metamaterial based cavities [J]. Applied Physics Letters, 2005, 86:101101.

[32] OURIR A, LUSTRAC A D, LOURTIOZ J M. All metamaterial based subwavelength cavities (λ/60) for ultrathin directive antennas [J]. Applied Physics Letters, 2006, 88:084103.

[33] OURIR A, BUROKUR S N, YAHIAOUI R, et al. Directive metamaterial based subwavelength resonant cavity antennas applications for beam steering [J]. Comptes Rendus Physique, 2009, 10(5):414.

[34] 韩璐. 交指型左手微带天线研究[D]. 合肥：中国科学技术大学，2009.

[35] SANADA A, KIMURA M, AWAI I, et al. A planar zeroth order resonator antenna using left－handed transmission line [C]//Proceedings of European Microwave Conference, Amsterdam: 2004.

[36] JI J K, KIM G H, SEONG W M. A compact multiband antenna based on DNG ZOR for wireless mobile system [J]. IEEE Antennas Wireless Propagation Letters, 2009, 8:920.

[37] NARIEDA S, TANAKA S, IDO Y, et al. Planar dual band omnidirectional UHF antennas employing a composite right/left handed double－sided metal layer structure [C]// Proceedings of IEEE Radion and Wireless Symposium, San Diego: 2009.

[38] YU A, YANG F, ELSHERBENI A. A dual band circularly polarized ring antenna based on composite right and left handed metamaterials [J]. Progress in Electromagnetics Research, 2008, 78:73.

[39] GUMMALLA A, ACHOUR M, POILASNE G, et al. Compact dual band planar metamaterial antenna arrays for wireless LAN [C]// Proceedings of IEEE Antennas and Propagation Society International Symposium, San Diego: 2008.

[40] LEE J, LEE J. Zeroth order resonance loop antenna [J]. IEEE Transactions on Antennas and Propagation, 2007, 55(3):994－997.

[41] LEE C J, LEONG K M K H, ITOH T. Composite right/left－handed transmission line based compact resonant antennas for RF module integration [J]. IEEE Transactions on Antennas and Propagation, 2006, 54(8):2283－2291.

[42] BILOTTI F, ALU A, VEGNI L. Design of miniaturized metamaterial

patch antennas with μ - negative loading [J]. IEEE Transactions on Antennas and Propagation, 2008, 56(6):1640 - 1647.

[43] RYU Y H, PARK J H, LEE J H, et al. Multiband antenna using −1, +1, and 0 resonant mode of DGS dual composite right/left handed transmission line [J]. Microwave and Optical Technology Letters, 2009, 51(10):2485 - 2488.

[44] LIN X Q, BAO D, MA H F, et al. Novel composite phase - shifting transmission - line and its application in the design of antenna array [J]. IEEE transactions on Antennas and Propagation, 2010, 58(2): 375 - 380.

[45] DONG Y D, ITOH T. Miniaturized substrate integrated waveguide slot antennas based on negative order resonance [J]. IEEE Transactions on Antennas and Propagation, 2010, 58(12):3856 - 3864.

[46] ZHU J, ELEFTHERIADES G V. A compact transmission line metamaterial antenna with extended bandwidth [J]. IEEE Antennas Wireless Propagation Letters, 2009, 8:295 - 298.

[47] NORDIN M A W, RAOUF E H E, YUSSUF A A. Bandwidth enhancement of a compact antenna based on the composite right/left - handed (CRLH) transmission - line (TL) [C]// Proceedings of 3rd European Conference on Antennas and Propagation, Berlin: 2009.

[48] LI L W, LI Y N, MOSIG J R. Design of a novel rectangular patch antenna with planar metamaterial patterned substrate [C]//Proceedings of International Workshop on Antenna Technology: Small Antennas and Novel Metamaterials, Chiba: 2008.

[49] HUANG W, XU N, PATHAK V, et al. Composite right - left handed metamaterial ultra - wideband antenna [C]// Proceedings of IEEE Antenna Technology, Santa Monica: 2009.

[50] DUAN Z S, QU SB, ZHANG J Q, et al. A compact low - profile wideband omnidirectional microstrip patch loading composite right/left - handed transmission line [C]// Proceedings of International Workshop on Metamaterials, Nanjing: 2008.

[51] JI J K, KIM G H, SEONG W M. Bandwidth enhancement of metamaterial antennas based on composite right/left - handed transmission line

[J]. IEEE Antennas Wireless Propagation Letters, 2010, 9:36 - 39.

[52] WU B I, WANG W, PACHECO J, et al. A study of using metamaterials as antenna substrate to enhance gain [J]. Progress in Electromagnetics Research, 2005, 51:295.

[53] WANG S, FERESIDIS A P, GOUSSETIS G, et al. High - gain subwavelength resonant cavity antennas based on metamaterial ground planes [J]. IEEE Proceedings Microwave, Antennas Propagation, 2006, 153(1):1.

[54] BUROKUR S N, LATRACH M, TOUTAIN S. Theoretical investigation of a circular patch antenna in the presence of a left handed medium [J]. IEEE Antennas Wireless Propagation Letters, 2005, 4:183.

[55] RAHIM M K A, MAJID H A, MASRI T. Microstrip antenna incorporated with left - handed metamaterial at 2.7 GHz [C]// Proceedings of IEEE Antenna Technology, Santa Monica: 2009.

[56] ZHAO Y C, WAN G B, ZHAO H L, et al. Effects of superstrate with improved SSRRs on the radiation of microstrip antenna [C]// Proceedings of IEEE Microwave, Antenna, Propagation and EMC Technologies for Wireless Communications, Beijing:2009.

[57] ZANI M Z M, JUSOH M H, SULAIMAN A A, et al. Circular patch antenna on metamaterial [C]// Proceedings of Electronic Devices, Systems and Applications, Kuala Lumpur: 2010.

[58] 凌啼，邹勇卓，林志立，等. 基于左手传输线的威尔金森功分器设计[J]. 微波学报，2007，23(5):26 - 28.

[59] 安建，王光明，张晨新，等. 基于复合左右手传输线小型化功分器的设计[J]. 微波学报，2008，24(6):72 - 74.

[60] 范如东，刘长军. 基于 CRLH - TL 零阶谐振特性的新型串联功分器[J]. 工程设计学报，2008，15(3):213 - 215.

[61] GIL M, BONACHE J, MARTIN F. Synthesis and applications of new left handed microstrip lines with complementary split - ring resonators etched on the signal strip [J]. IET Microwave, Antennas & Propagation, 2008, 2(4):324 - 330.

[62] ANTONIADES M A, ELEFTHERIADES G V. A broadband series power divider using zero - degree metamaterial phase - shifting lines

[J]. IEEE Microwave and Wireless Component Letters, 2005, 15(11):808 - 810.

[63] SAENZ E, CANTORA A, EDERRA I, et al. A metamaterial T - junction power divider [J]. IEEE Microwave and Wireless Component Letters, 2007, 17(3):172 - 174.

[64] MAO S, CHUEH Y, WU M. Asymmetric dual - passband coplanar waveguide filters using periodic composite right/left - handed and quarter- wavelength stubs [J]. IEEE Microwave and Wireless Component Letters. 2007, 17(6):418 - 420.

[65] 刘潇，李超，李芳，等. 基于复合左右手传输线的双频带通滤波器设计[J]. 微波学报，2012，28(1):53 - 56.

[66] XU H X, WANG G M, ZHANG C X, et al. Complementary metamaterial transmission line for monoband and dual - band bandpass filters application [J]. International Journal of RF and Microwave Computer - Aided Engineering, 2012, 22(2):200 - 210.

[67] 王恒，丁君，陈沛林. 基于复合左右手传输线的带通滤波器小型化设计[J]. 电子技术应用，2011，37(4):88 - 91.

[68] 安建，曾会勇. 平面结构复合左右手传输线及其在带通滤波器设计中的应用[C]// 中国电子学会微波分会. 全国微波毫米波会议论文集. 北京:电子工业出版社,2009.

[69] LIN X Q, MA F H, BAO D, et al. Design and analysis of super - wide bandpass filters using a novel compact meta - structure [J]. IEEE Transactions on Microwave Theory and Techniques, 2007, 55(4): 747 - 753.

[70] 黄健全. 新型平面人工传输线及其应用研究[D]. 广州：华南理工大学，2011.

[71] BONACHE J, GIL I, GARCIA J, et al. Complementary split rings resonators (CSRRs): towards the miniaturization of microwave device design [J]. J Comput Electron, 2006, 5:193 - 197.

[72] GIL M, BONACHE J, JOAN G G, et al. Composite right/left - handed metamaterial transmission lines based on complementary split - rings resonators and their applications to very wideband and compact filter design [J]. IEEE Transactions on Microwave Theory and Tech-

niques, 2007, 55(6):1296 - 1304.

[73] LIN I, DEVINCENTIS M, CALOZ C, et al. Arbitrary dual - band components using composite right/left - handed transmission lines [J]. IEEE Transactions on Microwave Theory and Techniques, 2004, 52 (4):1142 - 1149.

[74] CALOZ C, SANADA A, ITOH T. A novel composite right/left - handed coupled - line directional coupler with arbitrary coupling level and broad bandwidth [J]. IEEE Transactions on Microwave Theory and Techniques, 2004, 52(3):980 - 992.

[75] BONACHE J, SISO G, GIL M, et al. Application of composite right/left handed (CRLH) transmission lines based on complementary split ring resonators (CSRRs) to the design of dual - band microwave components [J]. IEEE Microwave and Wireless Component Letters, 2008, 18(8):524 - 526.

[76] ISLAM R, ELEFTHERIADES G V. Printed high - directivity metamaterial MS/NRI coupled - line coupler for signal monitoring applications [J]. IEEE Microwave and Wireless Component Letters, 2006, 16 (4):164 - 166.

[77] SAFWAT A M E. Microstrip coupled line composite right/left - handed unit cell [J]. IEEE Microwave and Wireless Component Letters, 2009, 19(7):434 - 436.

[78] FOUDA A E, SAFWAT A M E, HADIA E H. On the applications of the coupled - line composite right/left - handed unit cell [J]. IEEE Transactions on Microwave Theory and Techniques, 2010, 58 (6):1584 - 1591.

[79] ANTONIADES M A, ELEFTHERIADES G V. A broadband Wilkinson balun using microstrip metamaterial lines [J]. IEEE Antennas and Wireless Propagation Letters, 2005, 4:209 - 212.

[80] DMITRY K, ELENA S, IRINA V, et al. Broadband digital phase shifter based on switchable right - and left - handed transmission line sections [J]. IEEE Microwave and Wireless Components Letters, 2006, 16(5):258 - 260.

[81] TSENG C H, CHANG C L. Wide - band balun using composite right/

left - handed transmission line [J]. Electronics Letters, 2007, 43(21): 1154 - 1155.

[82] YOO H, LEE S H, KIM H. Broadband balun for monolithic microwave integrated circuit application [J]. Microwave and Optical Technology Letters, 2012, 54(1):203 - 206.

[83] MAO S G, CHUEH Y Z. Broadband composite right/left - handed coplanar waveguide power splitters with arbitrary phase responses and balun and antenna applications [J]. IEEE Transactions on Antennas and Propagation, 2006, 54(1):243 - 250.

[84] ZOU Y Z, LIN Z L, LING T, et al. A new broadband differential phase shifter fabricated using a novel CRLH structure [J]. Journal of Zhejiang University Science A, 2007, 8(10):1568 - 1572.

[85] SISO G, GIL M, BONACHE J, et al. Application of metamaterial transmission lines to design of quadrature phase shifters [J]. Electronics Letters, 2007, 43(20):1098 - 1100.

[86] CAO W P, GUO F, WANG B Z. Design of a broadband balun based on composite right/left handed structure [J]. Microwave and Optical Technology Letters, 2010, 52(6):1310 - 1313.

[87] LIU C J, MENZEL W. Broadband via - free microstrip balun using metamaterial transmission lines [J]. IEEE Microwave and Wireless Components Letters, 2008, 18(7):437 - 439.

[88] ZHU Q, GONG C, XIN H. Design of high power capacity phase shifter with composite right/left - handed transmission line [J]. Microwave and Optical Technology Letters, 2012, 54(1):119 - 124.

[89] 曹卫平，温金芳，李思敏. 基于复合左右手传输线相移器的串馈相控阵天线[J]. 电子元件与材料，2011，30(7):52 - 55.

[90] 李园春. 复合左右手串联馈电网络及天线阵列的设计[D]. 合肥：中国科学技术大学，2009.

[91] 李雁，徐善驾，张忠祥. 新型左手传输线馈电微带阵列天线[J]. 红外与毫米波学报，2007，26(2):137 - 140.

[92] 朱旗，吴磊，徐善驾. 基于左手传输线的双线极化微带阵列天线[J]. 电波科学学报，2007，22(3):359 - 364.

[93] 张忠祥. 左手微带导波结构及其应用研究[D]. 合肥：中国科学技术大

学，2007.

[94] 马汉清. 宽带与多频天线关键问题的研究[D]. 西安：西安电子科技大学，2009.

[95] 梁仙灵. 双极化微带天线阵与超宽带、多频段印刷天线[D]. 上海：上海大学，2006.

[96] CHEN H D, CHEN H T. A CPW - fed dual - frequeney monopole antenna[J]. IEEE Transactions on Antennas and Propagation, 2004, 52(4):978 - 982.

[97] KUO Y L, WONG K L. Printed double - T monopole antenna for 2.4/5.2 GHz dual - band WLAN operations [J]. IEEE Transactions on Antennas and Propagation, 2003, 51(9):2187 - 2192.

[98] YEH S H, WONG K L. Dual - band F - shaped monopole antenna for 2.4/5.2 GHz WLAN application [C]// Proceedings of IEEE Antennas and Propagation Society International Symposium, San Antonio: 2002.

[99] LIN Y H, CHEN H D, CHEN H M. A dual - band printed L - shaped monopole for WLAN applications [J]. Microwave and Optical Technology Letters, 2003, 45(3):214 - 216.

[100] KIM T H, PARK D C. CPW - fedcompact monopole antenna for dual - band WLAN applications [J]. Electronics Letters, 2005, 41(6):291 - 293.

[101] LU J H. Dual - frequeney operation of rectangular microstrip antenna with bent - slot loading [C]// Proceedings of Asia Pacific Microwave Conference, Piscataway: 2000.

[102] CHEN H M. Single - feed dual - frequency rectangular microstrip antenna with a π - shaped slot [J]. IEE Proceedings Microwave, Antennas and Propagation, 2001, 148(1):60 - 64.

[103] GAO S C, LI L W, LEONG M S. FDTD analysis of a slot - loaded meandered rectangular patch antenna for dual - frequency operation [J]. IEEE Proceedings Microwave, Antennas and Propagation, 2001, 148(1):65 - 71.

[104] PAN S C, WONG K L. Design of dual - frequency microstrip antennas using a shorting - pin loading [C]// Proceedings of IEEE Antennas and Propagation Society International Symposium, Atlanta: 1998.

[105] GUO Y X, LUK K M, LEE K F. Dual - band slot - loaded short - circuited patch antenna [C]// Proceedings of IEEE Antennas and Propagation Society International Symposium, Salt Lake: 2000.

[106] PAN S C, WONG K L. Dual - frequeney triangular microstrip antenna with a shorting pin[J]. IEEE Transactions on Antennas and Propagation, 1997, 45(12):1889 - 1891.

[107] DU Z, GONG K. Analysis of microstrip fractal patch antenna for multi - band communication[J]. Electronics Letters, 2001, 37(13): 805 - 806.

[108] SANAD M. A compact dual - broadband microstrip antenna having both stacked and planar parasitic elements [C]// Proceedings of IEEE Antennas and Propagation Society International Symposium, Piseataway: 1996.

[109] WONG K L, CHOU L C, SU C M. Dual - band flat - plate antenna with a shorted parasitic element for laptop applieations [J]. IEEE Transactions on Antennas and Propagation, 2005, 53(1):539 - 544.

[110] HUANG C Y, CHIU P Y. Dual - band monopole antenna with shorted parasitic element [J]. Electronics Letters, 2005, 41(21):1154 - 1155.

[111] LIU Y S, SUN J S. New multiband printed meander antenna for wireless applications[J]. Microwave and Optical Technology Letters, 2005, 47(6):539 - 543.

[112] HSIEH K B, WONG K L. Inset - microstrip - line - fed dual - frequency circular microstrip antenna and its application to a two - element dual - frequency microstrip array [J]. IEE Proceedings Microwave, Antennas and Propagation, 1999, 147(10):359 - 361.

[113] 傅佳辉，吴群，张放，等. 毫米波微带双频平面天线阵研究[J]. 系统工程与电子技术，2011，33(4):746 - 749.

[114] 马小玲. 用于星载 SAR 的双频双极化天线[J]. 电子与信息学报，2002，24(12):1947 - 1954.

[115] RAHARDJO E T, ZULKIFLI F Y, MARLENA D. Multiband microstrip antenna array for WiMAX application [C]// Proceedings of Asia Pacific Microwave Conference, Hong Kong: 2008.

[116] HE S H, XIE J D. Analysis and design of a novel dual - band array

antenna with a low profile for 2,400/5,800 – MHz WLAN systems [J]. IEEE Transactions on Antennas and Propagation, 2010, 58(2):391 – 396.

[117] LI C, LV X D. A L/X dual – frequency co – aperture microstrip array design [C]// Proceedings of IEEE Antennas and Propagation Society International Symposium, Washington DC: 2005.

[118] SHAAFI L L. Dual – band dual – polarized perforated microstrip antennas for SAR applications [J]. IEEE Transactions on Antennas and Propagation, 2000, 48(1):58 – 66.

[119] ROSTAN F, WIESBECK W. Aperture – coupled microstrip patch phased arrays in C – and X – band a contribution to future multi – polarization multi – frequeney SAR Systems [C]//Proceedings of IEEE International Symposium on Phased Array Systems and Technology, Boston: 1996.

[120] MASRI T, RAHIM M K A. Dual – band microstrip antenna array with a combination of mushroom, modified Minkowski and Sierpinski electromagnetic band gap structures [J]. IET Microwave, Antennas & Propagation, 2010, 4(11):1756 – 1763.

[121] TOH W K, QING X M, CHEN Z N. A planar dualband antenna array [J]. IEEE Transactions on Antennas and Propagation, 2011, 59 (3):833 – 838.

[122] 曾会勇. 复合左右手传输线的设计及应用研究[D]. 西安: 空军工程大学, 2009.

[123] SRISATHIT S, PATISANG S, PHROMLOUNGSRI R, et al. High isolation and compact size microstrip hairpin diplexer [J]. IEEE Microwave Wireless Component Letters, 2005,15(2):101 – 103.

[124] WU C H, WANG C H, CHEN C H. A novel balanced to unbalanced diplexer based on four – port balanced to unbalanced bandpass filter [C]// Proceedings of European microwave conference, Amsterdam: 2008.

[125] HAO Z C, HONG W, CHEN J X, et al. Planar diplexer for microwave integrated circuits [J]. IEE Proceedings on Mcrowaves, Antennas and Propagation, 2006, 153(6):455 – 459.

[126] TANG H J, HONG W, CHEN J X, et al. Development of millimeter –

wave planar diplexers based on complementary characters of dual - mode substrate integrated waveguide filters with circular and elliptic cavities [J]. IEEE Transcation on Microwave Theory and Techniques, 2007, 55(4):776 - 782.

[127] BONACHE J, GIL I, GARCIA J, et al. Complementary split ring resonators for microstrip diplexer design [J]. Electronics Letters, 2005, 41(4):810 - 811.

[128] WENG M H, HUNG C Y, SU Y K. A hairpin line diplexer for direct sequence ultra - wideband wireless communications [J]. IEEE Microwave and Wireless Component Letters, 2007, 17(7):519 - 521.

[129] 林昌禄. 天线工程手册[M]. 北京：电子工业出版社，2002.

[130] 卞磊. 宽带圆极化微带天线的分析与设计[D]. 南京：南京理工大学，2008.

[131] 张前悦. 毫米波定向/全向圆极化天线阵研究[D]. 西安：空军工程大学，2008.

[132] 薛虞锋，钟顺时. 微带天线圆极化技术概述和进展[J]. 电波科学学报，2002 (17):331 - 336.

[133] 卜斌龙，李荣军，张斌. 圆极化卫星测控天线[J]. 空间电子技术，1998，3:25 - 31.

[134] 胡明春，杜小辉，李建新. 宽带宽角圆极化微带贴片天线设计[J]. 电波科学学报，2001，16(4):441 - 446.

[135] 叶云裳，李全明. 资源一号卫星 X 波段 IR - MSS 数传天线[J]. 宇航学报，2001，22(6):1 - 9.

[136] GARG R, BHARTIA P, BAHL I, et al. Microstrip antenna design handbook [M]. Boston, London: Artech House, 2001.

[137] KUMARR G, RAY K P. Broadband microstrip antennas [M]. Boston, London: Artech House, 2003.

[138] HANEISHI M, YOSHIDA S, GOTO N. A broadband microstrip array composed of single - feed type circularly polarized microstrip antennas [C]// Proceedings of IEEE Antennas and Propagation Society International Symposium, Newport Beach:1982.

[139] HUANG J. A technique for an array to generate circular polarization with linearly polarized elements [J]. IEEE Transactions on Antennas

and Propagation，1986，34(9):1113－1124.

[140] HALL P S，HUANG J，RAMMOS E. Gain of circularly polarised arrays composed of linearly polarised elements [J]. Electronics Letters，1989，25(2):124－125.

[141] HUANG J. A ka－band circularly polarized high－gain microstrip array antenna [J]. IEEE Transactions on Antennas and Propagation，1995，43(1):113－116.

[142] STEVEN G，YI Q，ALISTAIR S. Low－cost broadband circularly polarized printed antennas and array [J]. IEEE Antennas and Propagation Magazine，2007，49(4):57－64.

[143] CHUNG K L，KAN H K. Stacked quasi－elliptical patch array with circular polarization [J]. Electronics Letters，2007，43(10):555－557.

[144] LU K H，CHANG T N. Circularly polarized array antenna with corporate－feed network and series－feed elements [J]. IEEE Transactions on Antennas and Propagation，2005，53(10):3288－3292.

[145] ROW J S，SIM C Y D，LIN K W. Broadband printed ring－slot array with circular polarization [J]. Electronics Letters，2005，41(3):110－112.

[146] SOLIMAN E A，BREBELS S，BEYNE E，et al. Sequential－rotation arrays of circularly polarized aperture antennas in the MCM－D technology [J]. Microwave and Optical Technology Letters，2005，44(6):581－585.

[147] JAZI M N，AZARMANESH M N. Design and implementation of circularly polarised microstrip antenna array using a new serial feed sequentially rotated technique [J]. IEE Microwaves，Antennas and Propagation Proceedings，2006，153(2):133－140.

[148] LU Y，FANG D G，WANG H A. Wideband circularly polarized 2×2 sequentially rotated patch antenna array [J]. Microwave and Optical Technology Letters，2007，49(6):1405－1407.

[149] SCHIFFMAN B. A new class of broadband microwave 90－degree phase shifters [J]. IRE Transaction on Microwave and Theory，1958，6(4): 232－237.

[150] GRUSZCZYNSKI S，WINCZA K，SACHSE K. Design of compensa-

ted coupled - stripline 3 - dB directional couplers, phase shifters, and Magic - T's—Part Ⅱ: single - section coupled - line circuits [J]. IEEE Transactions on Microwave Theory and Technique, 2006, 54(9):3501 - 3507.

[151] GRUSZCZYNSKI S, WINCZA K, SACHSE K. Design of compensated coupled - stripline 3 - dB directional couplers, phase shifters, and Magic - T's—Part I: single - section coupled - line circuits [J]. IEEE Transactions on Microwave Theory and Technique, 2006, 54(11): 3986 - 3994.

[152] GUO Y, ZHANG Z, ONG L. Improved wideband Schiffman phase shifter [J]. IEEE Transactions on Microwave Theory and Technique, 2006, 54(3):1196 - 1200.

[153] KWON H, LIM H, KANG B. Design of 6 - 18 GHz wideband phase shifters using radial stubs [J]. IEEE Microwave and Wireless Components Letters, 2007, 17(3):205 - 207.

[154] AHN H, WOLFF I. Asymmetric ring - hybrid phase shifters and attenuators [J]. IEEE Transactions on Microwave Theory and Technique, 2002, 50(4):1146 - 1155.

[155] ABBOSH A M. Ultra - wideband phase shifters [J]. IEEE Transactions on Microwave Theory and Technique, 2007, 55(9): 1935 - 1941.

[156] ABBOSH A M. Broadband fixed phase shifters [J]. IEEE Microwave and Wireless Components Letters, 2011, 21(1):22 - 24.

[157] EOM S Y, PARK H K. New switched - network phase shifter with broadband characteristics [J]. Microwave and Optical Technology Letters, 2003, 38(4):255 - 257.

[158] ZHENG S Y, YEUNG S H, CHAN W S, et al. Improved broadband dumb - bell - shaped phase shifter using multi - section stubs [J]. Electronics Letters, 2008, 44(7):478 - 480.

[159] YEUNG S H, MAN K F, CHAN W S. The multiple circular sectors structures for phase shifter designs [J]. IEEE Transactions on Microwave Theory and Technique, 2011, 59(2):278 - 285.

[160] HAN W J, ZHAO J M, FENG Y J. Omni - directional microstrip

ring antenna based on a simplified left - handed transmission line structure [C]// Proceedings of International Symposium on Biophotonics, Nanophotonics and Metamaterials, Hangzhou:2006.

[161] GONG J Q, CHU Q X. SCRLH TL based UWB bandpass filter with widened upper stopband [J]. Journal of Electromagnetic Waves and Applications, 2008, 22:1985 - 1992.

[162] HAN W J, FENG Y J. Ultra - wideband bandpass filter using simplified left - handed transmission line structure [J]. Microwave and Optical Technology Letters, 2008, 50(11):2758 - 2762.

[163] WANG J, LIU B, ZHAO Y, et al. Wide upper - stopband super - UWB BPF based on SCRLH transmission line structure [J]. Electronics Letters, 2011, 47(22):1233 - 1235.

[164] GONG J Q, CHU Q X. Miniaturized microstrip bandpass filter using coupled SCRLH zeroth - order resonators [J]. Microwave and Optical Technology Letters, 2009, 51(12):2985 - 2989.

[165] PARK J, LEE Y. Dual - band branch line coupler based on composite right/left - handed transmission lines with series capacitors only [J]. Microwave and Optical Technology Letters, 2010, 52(5):1046 - 1048.

[166] WEI F, GAO C J, LIU B, et al. UWB bandpass filter with two notch - bands based on SCRLH resonator [J]. Electronics Letters, 2010, 46(16):1134 - 1135.

[167] WEI F, WU Q Y, SHI X W, et al. Compact UWB bandpass filter with dual notched bands based on SCRLH resonator [J]. IEEE Microwave and Wireless Components Letters, 2011, 21(1):28 - 30.

[168] LIU B W, YIN Y Z, SUN A F, et al. Design of compact UWB bandpass filter with dual notched bands using novel SCRLH resonator [J]. Microwave and Optical Technology Letters, 2012, 54(6):1506 - 1508.

[169] 清华大学《微带电路》编写组. 微带电路[M]. 北京：人民邮电出版社，1975.

[170] 钟顺时. 微带天线理论与应用[M]. 西安：西安电子科技大学出版社，1991.

[171] 张钧，刘克诚，张贤铎，等. 微带天线理论与工程[M]. 北京：国防工业出版社，1988.

[172] 廖承恩. 微波技术基础[M]. 西安：西安电子科技大学出版社，2000.

[173] HALL P S, DAHELE J S, JAMES J R. Design principles of sequentially fed, wide bandwidth, circularly polarised microstrip antennas [J]. IEE Proceedings, Part H: Microwaves, Antennas and Propagation, 1989, 136(5):381 - 389.

[174] 孙向珍. 圆极化双层微带天线的研究[J]. 遥测遥控，2004，25(4):1 - 6.

[175] BOCCIA L, AMENDOLA G, MASSA D. A dual frequency microstrip patch antenna for high - precision GPS applications [J]. IEEE Antennas Wireless Propagation Letters, 2004, 3:157 - 160.

[176] ROWE W S T, WATERHOUSE R B. Investigation into the performance of proximity coupled stacked patches [J]. IEEE Transactions on Antennas and Propagation, 2006, 54(6):1693 - 1698.

[177] 秦顺友，杨可忠，陈辉. 不同极化天线增益测量技术[J]. 电子测量与仪器学报，2003，17(1):7 - 11.

[178] 俞忠武. 平面单脉冲天线阵及其馈电系统研究[D]. 西安：空军工程大学，2012.

[179] 万笑梅，张铁江，王小陆. 宽带和差双圆极化波束形成网络[J]. 中国电子科学研究院学报，2008，3(4):421 - 424.

[180] 李景春，邸英杰，李渠塘，等. 宽带和差模波束形成系统[J]. 微波学报，1997，13(4):314 - 319.

[181] 黄建军，李渠塘. 一种新颖的宽带和差模波束形成系统[J]. 无线电工程，1997，27(4):5 - 9.

[182] 秦浩，万笑梅，卢晓鹏，等. 宽频带双圆极化单脉冲馈源设计[J]. 雷达科学与技术，2010，8(2):188 - 192.

[183] 张凤林，孙向珍. 超宽频带单脉冲跟踪天线系统研究[C]// 中国电子学会微波分会. 全国微波毫米波会议论文集. 北京：电子工业出版社，2005.

[184] 刘昊，孙向珍，张凤林，等. X 波段宽带单通道单脉冲双圆极化自跟踪天馈系统的研究[J]. 遥测遥控(增刊)，2007，28:163 - 167.

[185] 李绪益. 微波技术与微波电路[M]. 广州：华南理工大学出版社，2007.

[186] 黄子旻. 高增益全向圆极化海上移动天线的研究[D]. 大连：大连海事

大学，2010.

[187] 胥亚东. 全向圆极化天线[D]. 成都：电子科技大学，2008.

[188] 林昌禄，宋锡明. 圆极化天线[M]. 北京：人民邮电出版社，1986.

[189] 倪笃勋. 毫米波全向圆极化天线[J]. 电子对抗，1992，2:50－53.

[190] 薄云飞，刘洛琨. 全向圆极化天线的 V 型振子阵设计[J]. 电波科学学报，2001，16(2):182－184.

[191] KLOPACH R T，BOHAR J. Broadband circularly polarized omni－directional antenna:US，3656166 [P]. 1972－06－05.

[192] SAKAGUCHI K，HASEBE N. A circularly polarized omni－directional antenna [D]. Tokyo:Nihon University,2007.

[193] IWASAKI H，CHIBA N. Circularly polarized back－to－back microstrip antenna with an omni－directional pattern [J]. IEE Proceedings Microwave，Antennas and Propagation，1999，146(4):277－281.

[194] 张前悦，王光明，李兴成. 一种全向圆极化微带天线[J]. 现代电子技术，2007，30(5):101－102.

[195] 沈丽英，卿显明，曾华新. 宽带圆极化微波电视全向发射天线[J]. 广播与电视技术,1994，21(4):23－25.

[196] HERSEOVICI N，SIPUS Z，KILDAL P S. The cylindrical omni－directional patch antenna [J]. IEEE Transactions on Antennas and Propagation，2001，49(12):1746－1753.

[197] WU D I. Omnidirectional circularly－polarized conformal microstrip array for telemetry applications [J]. IEEE Transactions on Antennas and Propagation，1995，43(5):998－1001.

[198] JAMNEJAD V，HUANG J，ENDLER H，et al. Small omni－directional antennas development for Mars sample return mission [J]. IEEE Transactions on Antennas and Propagation，2001，49(9):843－851.

[199] LEE C S，NALBANDIAN V. Planar circularly polarized microstrip antenna with a single feed [J]. IEEE Transactions on Antennas and Propagation，1999，47(6):1005－1007.

[200] CHUNG K L，MOHAN A S. A circularly polarized stacked electromagnetically coupled patch antenna [J]. IEEE Transactions on Antennas and Propagation，2004，52(5):1365－1369.

[201] ROJANSKY V，WINEBRAND M. Development of broadband circu-

lar polarized planar antenna for EROS LEO satellite [C]// Proceedings of IEEE Antennas and Propagation Society International Symposium: Microstrip Antennas for Wireless, Boston:2001.

[202] PARK B C, LEE J H. Omnidirectional circularly polarized antenna utilizing zeroth - order resonance of Epsilon negative transmission line [J]. IEEE Transactions on Antennas and Propagation, 2011, 59(7): 2717 - 2720.

[203] SIEVENPIPER D, ZHANG L, BROAS F J, et al. High - impedance electromagnetic surfaces with a forbidden frequency band [J]. IEEE Transactions on Microwave Theory and Techniques, 1999, 47(11): 2059 - 2074.

[204] WONG K L. Compact and broadband microstrip antennas [M]. New Jersey: John Wiley & Sons, Inc, 2002.